我的轻生活
健康减肥蔬果汁

维生素 矿物质 酵素 让您越来越美丽

（日）冈田明子 著 邓楚泓 译

新世界出版社
NEW WORLD PRESS

写在前面的话

早在7年前，我成功减掉了13kg的体重，但其间却也并非是一帆风顺。特别是距离理想体重还有2~3kg的时候，着实花费了很多力气。

当我们的年龄超过25岁之后，身体的代谢机能就逐渐开始减弱，但这并不是减肥困难的主要原因，究其根源是由于便秘、身体虚寒等造成的。

我曾在减肥杂志公司工作过，当时每天都会向很多前来咨询的朋友提供相应的减肥建议。我惊奇地发现，虽然使用相同的减肥方法，但由于每个人的饮食习惯、生活习惯以及体质不同，所达到的减肥效果也是大相径庭。因此，我强烈地感受到最重要的是要通过改善饮食习惯和体质，从而达到不易发胖的目的。

从那之后我更加注重体质的改善，开始审视自己的饮食习惯和生活习惯。身体的代谢功能慢慢变强，距离理想的体重也越来越近了。

我认为对于减肥而言，最重要的是找到一种可以长期坚持的方法。否则，成功减肥是遥不可及的。

时至今日，我已经为将近1000名不同体质、不同饮食习惯的减肥人士提出了相应的减肥建议。如今，各种减肥方法以及减肥信息充斥着整个社会，我们很难判断何为正确的方法、何为错误的方法。有一些流行的减肥方法，在一段时间内能够看到效果，但经不起时间的考验，一旦停止往往就会迅速反弹，最终导致要减肥的朋友变成了易胖体质，甚至有些朋友因为不正确的减肥方法而导致身体变差。

也正因为世上不存在魔法一般屡试不爽的减肥方法，所以减肥才一直成为大家非常关注的话题之一。

但是，值得我们确认的是，即便没有快速减肥的方法，但只要长期坚持，谁都能寻找到正确且健康的减肥方法。我认为，这个正确且健康的减肥方法就是"食疗减肥法"。同时，对于减肥而言，最为重要的是要结合自己的生活方式，在合理、科学的范围内进行。因为只有在自己能够接受的程度下进行减肥的方法才可以让我们轻松的坚持下去，久而久之形成习惯，使其成为日常生活中不可或缺的一部分。

　　就我个人而言，即便距离上次减肥已经过去了7年，但仍保持现在的体重而不反弹，这主要的原因就是因为我选择了这种"可以坚持一辈子的减肥方法"，未来我也打算继续坚持下去。

　　人的体内大约有60万亿个细胞，皮肤、毛发以及各个脏器都是由一个个细胞构成的，而供给细胞养分的就是我们每天摄入体内的食物。

　　所以，请您认真审视一下自己的饮食习惯、生活习惯和体质，留心每天摄入体内的食物，我想，您一定能够在不久的将来取得成效。

　　现代人生活节奏快，许多人感觉很难改变饮食习惯，在此，我们向您推荐"家庭DIY果汁"。即便是工作忙碌的朋友，也能够轻松制作，改善您长期以来的生活习惯，使您的身体距离健康更近了一步。

　　如果本书能够帮助您重视并改善自己的饮食习惯，那就是我最大的荣幸了。

营养管理师 冈田明子

目录

写在前面的话 ································· 2

本书使用方法 ································· 7

用适合早晨饮用的减肥果汁打造完美身材 ············ 8

Part

1

黄金秘诀！开始健康的果汁生活

制作工具的准备 ································· 14

掌握基本制作方法 ································· 16

5种食材一周充足！黄金秘方让您轻松迎接果汁生活 ······ 18

Part

2

改善体质！击退慢性疾病困扰的果汁

治疗便秘的果汁

1 西梅、香蕉、水 ································· 35

2 西兰花、苹果、酸奶、柠檬汁 ····················· 36

3 玄米片、酸奶 ································· 38

治疗体寒的果汁

1 香橙、生姜、蜂蜜、碳酸水 ······················ 43

2 鳄梨、柠檬汁、酸奶 ··························· 44

3 花生、车前、豆奶 ····························· 46

提亮肤色的果汁

1 胡萝卜、柠檬汁、水 ··························· 51

2 西兰花、核桃、牛奶 ··························· 53

3 鳄梨、香橙、牛奶 ····························· 54

消除水肿的果汁

1 黄瓜、柠檬汁、豆奶、蜂蜜 ······················ 59

2 香蕉、猕猴桃、水 ····························· 60

3 哈密瓜、鳄梨、柠檬汁、水 ······················ 63

缓解疲劳乏力的果汁

1 柠檬汁、菠萝、碳酸水 ·························· 71

2 芦笋、香蕉、水 ······························· 73

3 玄米片、柠檬汁、牛奶 ···························· 74

改善贫血的果汁
1 菠菜、碎芝麻、豆奶 ···························· 83
2 西梅、草莓、水 ···································· 84
3 欧芹、香橙、牛奶 ································· 86

Part
3
立竿见影！解决您燃眉之急的高效果汁
消除饮食过度造成胃部不适的果汁

1 圆白菜、柠檬汁、酸奶 ························· 99
2 白萝卜、香橙、水 ····························· 100
3 三叶草、葡萄柚、碳酸水 ···················· 101

缓解饮酒过量的果汁
1 黄瓜、菠萝、碳酸水 ·························· 103
2 西瓜、哈密瓜、水 ····························· 104
3 香橙、菠萝、水 ································· 105

避免盐分摄入过量的果汁
1 哈密瓜、芹菜、碳酸水 ······················· 107
2 煮小豆、牛奶、蜂蜜 ·························· 108
1 欧芹、香蕉、柠檬汁、水 ···················· 109

解决肌肤防晒问题的果汁
1 番茄、草莓、碳酸水 ·························· 111
2 胡萝卜、柿子椒、杏仁、牛奶 ·············· 112
3 鳄梨、猕猴桃、酸奶 ·························· 113

有益于减肥的营养物质和成分 ····················· 118
食材分类索引 ··· 121

特别推荐

● 不同季节的美味果汁
　　春　草莓、香蕉、水 ·· 66
　　夏　苦瓜、香蕉、水 ·· 66
　　秋　葡萄、香蕉、水 ·· 67
　　冬　白菜、香蕉、柠檬汁、水 ································ 67

● 提高免疫力果汁
　　富含维生素C　草莓、猕猴桃、碳酸水 ············ 78
　　富含植物素　番茄、西兰花、柠檬汁、酸奶 ···· 79

● 彩虹果汁
　　红色　番茄、胡萝卜、碳酸水 ······························ 90
　　黑色　黑色芝麻、香蕉、豆奶 ······························ 91
　　绿色　菠菜、苹果、水 ·· 91
　　白色　山药、牛奶 ·· 92
　　紫色　蓝莓、碳酸水 ·· 92
　　黄色　柿子椒、菠萝、水 ·· 93
　　茶色　玄米片、杏仁、牛奶 ···································· 93

● 能够温暖身体的热果汁
南瓜、肉桂、牛奶 ·· 114
奶酪粉、黑胡椒、牛奶、蜂蜜 ···································· 115

小栏目

● 设计"适合自己的减肥规则"才是瘦身的王道 ···· 28
● 不规则的饮食习惯导致易胖体质的形成 ·············· 30
● 具有正常作用的乳酸菌可以使身体内部更加干净 ·· 40
● 通过改善体寒症状，便秘与水肿也能随之缓和 ···· 48
● 持之以恒的健康饮食是减肥成功的秘诀 ·············· 56
● 利用消除疲劳的泡澡打造易瘦体质 ······················ 64
● 保证充足的睡眠时间转换减肥时刻 ······················ 68
● 何为免疫力 ·· 76
● 注意身体信息的健康陷阱 ·· 80
● 巧妙利用女生身体变化进行合理减肥 ·················· 88
● 摄入富含酶的"低温食物" ·· 94
● 通过日常生活中的运动自然提高新陈代谢 ·········· 116

本书使用方法

制作1杯果汁的用量以及制作方法（200ml左右）

1杯果汁的热量

变化用料制作的果汁照片

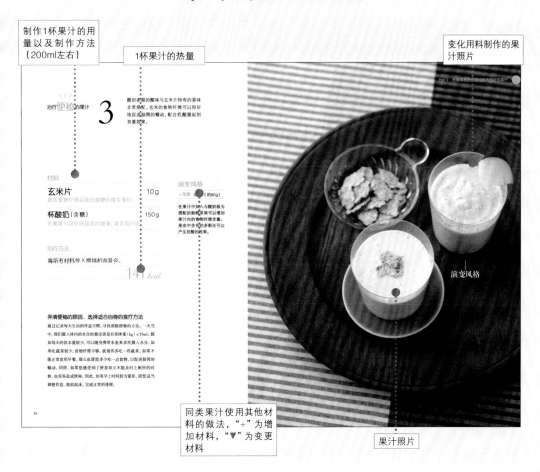

治疗 **便秘** 的果汁

3

酸奶柔顺的酸味与玄米片特有的香味非常搭配。玄米的食物纤维可以很好地促进肠胃的蠕动，配合乳酸菌起到双重效果。

材料

玄米片	10 g
富含食物纤维以及代谢酶的维生素B1。	
杯酸奶（含糖）	150 g
乳酸菌可以促进肠道的健康，富含蛋白质。	

演变风格

+ 苹果 （约80g）

在果汁中加入与酸奶的极为搭配的新鲜苹果可以增加果汁内的食物纤维含量。果皮中含的多酚还可以产生抗敏的效果。

制作方法

将所有材料放入搅拌机内混合。

141 kcal

弄清便秘的原因，选择适合自身的食疗方法

通过记录每天生活的作息习惯，寻找消除便秘的方法。一天当中，我们摄入人体内的水分的量应该是自身体重（kg）×35ml。假如每天的饮水量较少，可以随身携带水壶来多次摄入水分。如果吃蔬菜较少，食物纤维不够，就请再多吃一些温菜。如果不能正常食用早餐，那么也请您多少吃一点食物，以促进肠胃的蠕动。同样，如果您感受到了便意却又不能及时上厕所的时候，也容易造成便秘。如果早上时间较为紧张，请您适当调整作息，提前起床，完成正常的排便。

38

同类果汁使用其他材料的做法，"+"为增加材料，"▼"为变更材料

演变风格

果汁照片

饮用果汁的原则

●即做即饮

果汁中含有的维生素、矿物质、酶随着时间的推移会发生氧化，刚做好时口味最佳，因此请不要放置，最好即刻饮用。

●每天最好只饮用一杯

蔬菜和水果含糖量较高，如果饮用过多会造成糖分摄入过量，最好只在每天早晨饮用一杯。

黄金秘方的原则

●将蔬菜和水果清洗干净，除去较硬的根和核。根据制作方法选择是否去皮。

●材料的重量为"g"，表示去除果皮和果核之后的重量。

●当标注根据个人喜好添加蜂蜜等辅料的时候，其热量不做计算。

●"酸奶"表示无糖酸奶，"饮用酸奶"和"盒装酸奶"表示含糖酸奶。

●照片中材料的用量不做参考。

●在果汁中加入碳酸水的时候，请将其他材料加入搅拌机内混合后，倒入容器中，然后使用长匙或汤匙搅拌。

●请使用500W微波炉。

用适合早晨饮用的减肥果汁
打造完美身材

●缺乏蔬菜的饮食习惯是减肥的大敌

作为营养管理师的我在工作中接触过大量的咨询，我感觉现代人饮食结构不平衡，特别是在职场中打拼的朋友对于蔬菜的摄取极为缺乏。通常都是在外面吃饭，午餐一般是便利店的便当和垃圾食品，晚上应酬时又是以零食和饮酒为主餐，而且不吃早餐的也大有人在。这样的饮食习惯直接造成维生素、矿物质以及酶的摄取严重不足（有关维生素、矿物质的介绍参考P118，酶的介绍参考P94）。这些物质大多存在于蔬菜和水果当中。在外用餐大多是一些盖饭、拉面以及意大利面等单一食物，这些单一食物都是以碳水化合物和脂肪为主的米饭和面类，摄入的食物种类相当有限。因此，在外面吃饭大多会造成饮食结构单一，蔬菜和水果摄入不足，营养不均衡。

●营养单一的不足以及各类营养物质之间的关系

那么，维生素、矿物质以及酶的摄入不足会怎样呢？在减肥中最为重要的就是营养摄入均衡，打造不发胖的体质。最为理想的状态是重视食物的"质量"，通过食用不同食物，大量摄入各种营养物质并使其相互补充。当然，严格控制能量的摄入也是非常重要的。为什么要如此重视食物的"质量"呢？那是因为，为了支持我们身体的日常运动，各种营养物质相互作用形成合力，才能供给人体能量，生成皮肤等各类组织。

例如，大多数人都知道维生素C对于皮肤非常好。那么，通过每天大量的食用富含维生素C的橙子就能使皮肤更加美丽吗？答案是否定的。虽然维生素C能够促进皮肤的生成，带来富有弹性的肌肤，但是皮肤的生成同样不能缺少蛋白质等营养物质。进一步讲，如果食物纤维的摄入量太低就会造成便秘，使垃圾沉积在体内，同时也会导致体寒，造成血液循环不畅，进而导致长痘痘、肤色变得更加暗淡，这样一来皮肤反而会更差。

●营养均衡下的新陈代谢

如果摄入的营养不均衡，就会使那些对身体好的营养物质无法发挥其本来的效用。我们通常将摄入体内的营养物质发挥作用的这个过程称为新陈代谢，而通常所说的新陈代谢良好就是指摄入体内的食物正常分解后被身体吸收利用，多余的物质排出体外的循环过程。蛋白质、碳水化合物以及脂肪是构成我们身体生长最为重要的三大营养物质，辅助这三大营养物质发挥作用的是维生素、矿物质以及酶等其他微量元素，这些辅助的元素同样也是不可或缺的。

同样，热量的消耗也可以通过这个原理来解释。当我们的身体新陈代谢正常的时候，适量摄入体内的热量就不会存积下来；相反，当营养不均衡的时候，这种新陈代谢就会减慢，摄入身体的食物也不会被良好地消化吸收。

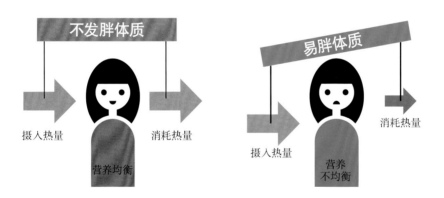

热量的代谢

不发胖体质

摄入热量　　　　消耗热量

营养均衡

易胖体质

摄入热量　　　　消耗热量

营养
不均衡

因此，我对前来咨询的朋友一般都会建议他们重新审视自己的饮食习惯，推荐他们养成均衡摄取营养的习惯，尽可能自己做饭，摄取多种营养。但是，这些事情对于每天工作很忙的朋友似乎是比较难以实现，所以在此为您推荐几款适合早晨饮用的健康果汁。

下一页将为您介绍早晨饮用果汁对减肥产生作用的原因。

●早餐是每天新陈代谢的关键

前面我们已经介绍了缺乏蔬菜的摄入对于减肥的影响。那么，为什么早餐果汁能有助于减肥呢？

这不单单是因为可以通过果汁摄取蔬菜和水果之中的营养物质。每天晚上人们睡觉的时候，身体会进行废物的排泄，身体中的废弃物以及毒素会通过尿液以及粪便排出体外，并且都是在夜晚进行。在夜晚人们睡眠的时候，因为身体没有摄入食物，清晨时会处于低血糖以及脱水的状态，通过及时的补给营养，可以使身体的循环顺利进行，补充身体的能量，使身体能够快速迎接新一天的开始。因此，早餐的重要性就体现出来了。

代谢循环图示

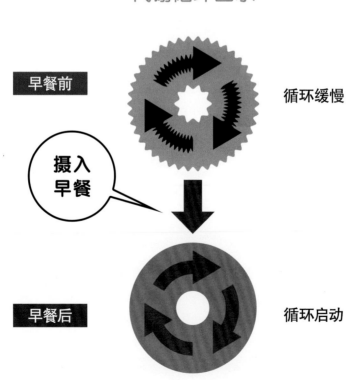

早餐前　　　循环缓慢

摄入早餐

早餐后　　　循环启动

●适合早餐饮用的易消化果汁

如果能够坚持每天早晨吃早餐是最为理想的状态。但是，有的时候会因为前一天晚上吃得过多而变得早上没有食欲，或者由于睡眠不充足导致没有心情制作早餐，甚至还有一些朋友因早上懒床而导致没有时间吃早餐。遇到这种情况的时候，简单的早餐果汁是最适合不过的了。果汁机可以使纤维变得非常纤细，饮用的时候不会给胃部造成过多的压力。另外，果汁中丰富的食物纤维又可以刺激肠道，促进早上排便，带给您美好一天的开始。

同样，我们也将早餐果汁推荐给那些每天坚持吃早餐的朋友们。在每天的早餐中加入维生素、矿物质以及酶等营养物质，使您的早餐营养更加均衡。在食用早餐之前饮用果汁还可以提升血糖浓度，控制早餐的过度食用。同时，这些果汁不仅可以配合早餐饮用，还可以作为零食来充饥。但要注意，如果一些朋友的食量相对较大，饮用果汁过多也会使热量摄取过量。所以，我们推荐您在审视自己的饮食生活习惯后，控制好热量的摄取量，养成饮用果汁的习惯。

●比市面上销售的果汁营养成分更加丰富

我相信有些朋友会提出这样的问题：为什么不去购买市面上已经做好的果汁呢？这是因为，为了增加口感，普通的果汁会加入大量的水果，进而会使糖分过高。同时，在制作的过程中会进行热处理，导致维生素以及矿物质的含量减少，而酶基本不会存在。但是，我们自己制作的果汁往往是在制作完成之后直接饮用，所以能够保证各种营养物质的摄入。使用新鲜的蔬菜和水果能够使果汁味道甜美，也避免了过度食用导致糖分摄取过量的情况产生。即使是不加分类地将原材料放入搅拌机中搅拌，食物纤维也能很好地保留，所以我们强烈地推荐您坚持每日饮用自制果汁，形成良好的生活习惯。

下一页我们将介绍"黄金秘诀！开始您的健康果汁生活"。

黄金秘诀！
开始健康的果汁
生活

了解制作果汁的常用工具以及制作方法。
尝试使用5种不同的材料制作不同的果汁。
相信用新鲜的蔬菜和美味的水果制作出来的果汁一定能够让您耳目一新。

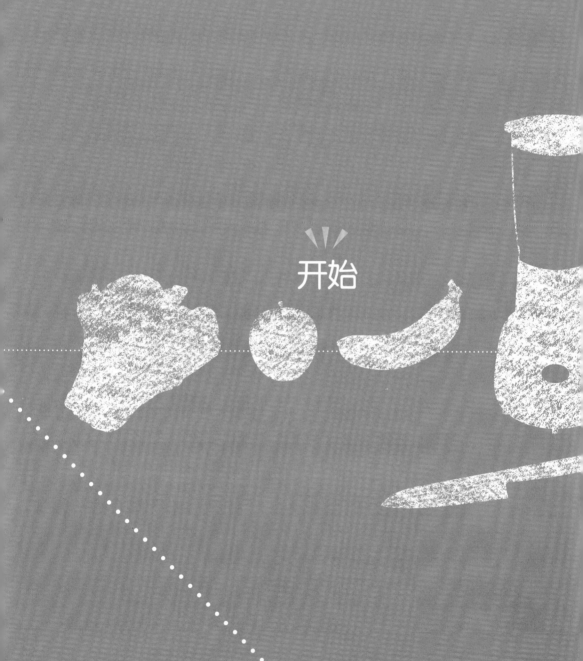

开始

制作工具的准备

自制果汁时最需要的就是搅拌材料的工具。

本书中介绍的果汁大多富含食物纤维,

所以推荐使用能够将原料打碎的相关工具。

同时您也可以根据制作果汁的多少、

盛放器皿的大小来进行工具的选择。

与您生活最为匹配的工具是哪个?

搅拌机

搅拌机容量为1L,制作出来的果汁适合全家人一起饮用。容量较大的搅拌机适合在家中制作多人份的果汁时使用。搅拌部分的容器大多为玻璃制品,不易坏且易清洗,干净卫生。有一些还具有速度调整以及研磨功能。

研磨机

研磨机一般为小巧精致的机器，容量为200ml左右。推荐给那些只需要制作一杯果汁自己饮用的朋友。体积小，方便收藏。除了可以制作果汁以外，还可以用于制作手工杂鱼干等，也可以将吃剩的蔬菜搅拌成蔬菜酱，非常方便。

手持搅拌机

可以手持的一种搅拌机，搅拌杆前端带有搅拌刀。将材料放入容器内就可以轻松地搅拌出果汁，除了可以制作果汁以外，还可以制作法式浓汤。

掌握基本制作方法

本书中介绍的大多数果汁
只要将材料混合后搅拌就可以完成。
本章中我们将为您介绍最基本的制作方法。
材料的大小以及放入的顺序都是决定
果汁口感的关键点。

下面，让我们一起来动手制作吧！

1. 将材料切成大块

对于相同的材料，切割的大小最好相似，这样更容易搅拌均匀，制作的速度也会提高。

2. 放入搅拌机内

除了使用碳酸饮料的果汁以外，所有的材料都可以一同放入搅拌机内进行搅拌。将苹果等较硬的材料放到搅拌机刀刃附近，更易于切割。

可以喝喽！

3. 按下开关

按下开关后进行搅拌。搅拌1分钟左右，材料混合成浆糊状。注意不同的搅拌机持续工作的时间也不同。

4. 倒入杯子里，完成制作

经过搅拌后，自制果汁就完成了。有些原料会残留一些渣滓，在饮用的时候不必介意，可以一同饮下。

5种食材一周充足！

黄金秘方让您
轻松迎接果汁生活

使用的材料如下

香蕉

富含食物纤维、促进肠道消化的
善玉菌以及低聚糖。抗饥饿，非
常适合早餐食用。

苹果

富含食物纤维，果皮含有可以抗衰
老的多酚。建议在制作果汁的时候
将清洗干净的苹果连同果皮一起
搅拌。作为制作果汁时主要使用的
原材料，苹果能够很好地提升果汁
的口味。

我们精选了适合初学者制作的
简单、富含营养的果汁配方。
5种材料都非常容易买到,
而且制作出来的果汁口感均衡。
通过不同的组合可以感受到浓郁或清爽的口感。
让我们一同开始这一周
健康的果汁生活吧。

小松菜

富含钙、维生素C、胡萝卜素以及矿物质。作为一种食用蔬菜,其味道不会特别特殊,较之水果而言热量较低,它也是经常出现在果汁中的常见品种。

酸奶

富含具有美肤效果的蛋白质、促进肠道消化的乳酸菌以及抗疲劳的钙质。顺滑的口感以及恰到好处的酸味非常适合作为果汁原料饮用。

蜂蜜

浓郁的香甜能够带给人强烈的满足感。如果希望品尝甜甜的果汁,可以适当地增加比重,但要注意,1小勺蜂蜜会有21卡路里的能量,不要过量。

黄金秘方 星期一

第一天让我们从水果组合果汁开始。食物纤维以及香蕉内含的低聚糖可以很好地促进肠胃的消化，加入苹果使口感更加甘甜、清爽。

材料

苹果 ·············· 1/4个（约60g）

香蕉（小）······ 1根（约100g）

水 ···························· 50ml

制作方法

将苹果带皮切成大块，香蕉剥皮后切成大块。将所有的材料放入搅拌机内混合搅拌。

118卡路里

小建议

在果汁中加入增稠剂、酸味原料或者甜味原料，使果汁味道更加浓郁、丰富。

●有些材料直接搅拌后会使果汁的口感变差。对于这类的果汁，我们推荐您加入酸奶、牛奶等增稠剂或者蜂蜜等甜味原料以及柠檬等酸味原料。本书中介绍的果汁大多都使用了这三样辅助品。

●增稠剂：酸奶、牛奶和豆浆加入果汁中能够使其味道更加甜美、口感更加顺滑。如果当您已经习惯了手工果汁的味道，可以使用水来代替这些增稠剂，也可以减少用量，甚至还可以直接品尝果蔬的味道。

●甜味：可以使果汁更加容易饮用。对于一些味道比较奇怪的蔬菜果汁，加入蜂蜜之后可以减弱其奇怪的味道，饮用起来更容易让人获得满足感。但是注意不要加入过多。

●酸味：也是一种果汁的味道。在一些味道非常平淡或者极具个性味道的果汁中加入略带酸味的柠檬汁后，可以调节果汁整体味道的平衡，最终得到非常好喝的果汁。

为您推荐的增稠剂、酸味、甜味配料！

酸奶、豆奶、牛奶

这三样除了能够发挥增稠剂的作用，还具有很高的蛋白质含量，在促进新陈代谢的同时也起到美肤的作用，酸奶中的乳酸菌以及豆奶中类似雌性激素作用的异黄酮等对于减肥、美容能起到很好的作用，如果您比较介意牛奶和酸奶中较高的热量，可以选用低脂产品。

蜂蜜

与白砂糖相同，可以增加甜度，但是蜂蜜中含有微量的矿物质以及低聚糖，在适当的摄取后，体内的血糖含量会慢慢提升，不会给身体增加过多的负担。

柠檬

可以为果汁增加新鲜的酸味和清爽的香味，富含维生素C，可以促进新陈代谢，具有美容的效果。

黄金
秘方 星期二

富含维生素以及矿物质的小松菜可以促进身体的新陈代谢，小松菜的苦味可以与香蕉的甜味相融合，对于不喜欢食用蔬菜的朋友非常适合。

材料

小松菜 ·············· 1棵（约40g）

香蕉（小） ·············· 1根（约100g）

水 ·············· 50ml

制作方法

将小松菜切成大块，香蕉去皮切成大块。将所有的材料放入搅拌机内混合。

92卡路里

黄金
秘方
星期三

清爽的小松菜配上苹果，加入
酸奶之后可以增加柔和、稠密
的口感。入口咀嚼时味道十足，
非常适合充饥的一款果汁。

材料

小松菜 ·············· 1棵（约40g）

苹果 ·············· 1/4个（约60g）

酸奶 ·············· 6大勺（约1/2杯）

制作方法

将小松菜切成大块，苹果
带皮切成大块。将所有材
料放入搅拌机内混合。

98 卡路里

黄金秘方 星期四

苹果和酸奶混合后充满酸味的清爽果汁。富含矿物质的蜂蜜增加了甜味，使味道更加平衡。

材料

苹果 ………………… 1/2个（约125g）

酸奶 ………………… 6大勺（约1/2杯）

蜂蜜 ………………… 1小勺

制作方法

将苹果带皮切成大块。

将所有材料放入搅拌机内混合。

148 卡路里

黄金秘方 星期五

酸奶的乳酸菌可以很好地调节肠道，香蕉则提供给人体相应的能量。这款果汁推荐早晨需要体力进行工作的朋友，具有很好地果腹效果。

材料

香蕉（小）·············· 1根（约100g）

酸奶··············· 6大勺（约1/2杯）

制作方法

将香蕉去皮，切成大块。

将所有材料放入搅拌机内混合。

146卡路里

黄金秘方 星期六

清爽的小松菜和苹果作为主要材料，很好地控制了果汁的热量。维生素A、维生素C以及多酚能够很好地抗击衰老。

材料

小松菜	·············	1棵（约40g）
苹果	·············	1/4个（约60g）
水	·············	50ml
蜂蜜	·············	1小勺

制作方法

将小松菜切成大块，苹果带皮切成大块。将所有材料放入搅拌机内混合。

59卡路里

黄金秘方 星期日

一周的最后一天，我们为您设计的是蔬菜、水果、酸奶等丰富食材的奢华菜谱。提炼出营养精华，味道更加浓郁的果汁。

材料

小松菜 ·············· 1/2棵（约20g）

苹果 ·············· 1/4个（约60g）

香蕉（小） ·············· 1根（约100g）

酸奶 ·············· 3大勺（约1/4杯）

制作方法

将小松菜切成大块。将苹果带皮切成大块，香蕉去皮切成大块。将所有的材料放入搅拌机内混合。

151卡路里

设计"适合自己的减肥规则"才是瘦身的王道

● 流行减肥方法的误区

我相信有很多朋友都尝试过各种各样的减肥方法，但最终都不能如愿以偿。究其原因是因为每个人的生活习惯饮食习惯都是不尽相同的。例如，我通过自己的减肥方法可以减掉13kg，但其他朋友即便使用和我完全一样的方法，却未必能够收到如我一样的减肥效果。对于我个人而言，自己的减肥方法是最为舒适的，同时也可以继续下去，但对于其他人而言，这种减肥方法就有可能是痛苦的，也就很难坚持下去。所以，流行的减肥方法也未必适合所有人，对于减肥而言，最为重要的莫过于能够长期坚持。鉴于此，找寻到适合自己并且能够长期坚持下去的减肥方法才是通向成功的关键。

● 从记录开始的"适合自己的减肥规则"

那么，什么方法才是最适合自己的减肥方法呢？想要知道答案的话，您首先要做的就是将自己进餐的时间和摄入的食物进行详细的记录，时间为一个星期。在这个星期中，请记录摄取的食物内容，水分以及零食等。

很多向我咨询减肥方法的朋友大多都有使用零食的习惯，他们会在闲暇的时候或下午茶的时候就不自觉的开始食用零食。其实并不是为了充饥，而是因为食用零食的习惯已经形成，每当时间一到，就会很自然地想要吃一些零食。例如，在下午三点的时候，很多朋友都喜欢吃巧克力，在晚饭之后，很多朋友喜欢吃甜点。当您进行饮食记录之后，就会清晰地找出自己的进食习惯，这就是制作自己的饮食规则的第一步。

●最重要的是设计出在自己可承受的范围内的减肥计划

接下来，我们为您介绍如何解决这种不好的饮食习惯，在此需要强调的一条原则是，所订立的目标一定要在自我可以承受的范围内，然后逐渐有意识地进行改变。

如果您经常会在家里吃些零食，那么一定是您的家里会经常放一些零食，这也成为了一种习惯。所以，首先要减少家中放置零食的习惯或者零食的量，在购买的时候选择一些小包装的零食。另外，还有一些较为肥胖的朋友在吃零食的时候，经常是打开一盒或一袋后全部吃完。这时候您可以将零食全部倒在盘子里，控制每次食用的量，剩余的部分第二天再吃，这也就是我所说的制定自身的饮食习惯。另外，还要逐渐改善一些不良的生活习惯，使减肥的效果慢慢展现出来。

同时，对体重以及脂肪的控制也是相同的道理，认真记录每天上厕所的时间，最好控制在基本相同的时间段。另外，还要进行每日的体重测量，明确自己到底吃了多少，体重增加了多少。这样一来，您就可以有的放矢地控制饮食，维持体型，同时也会变得非常轻松。另外，有些朋友也会因为压力过大而增加体重，那么您可以隔一天进行一次体重的测量，这样一来就不会使自己压力过大了。

不规律的饮食习惯导致易胖体质的形成

● 有规律的进食防止饮食过度

在向我咨询减肥方法的朋友中，有很多是因为饮食不规律而导致过度食用零食。所谓饮食规律，是指均衡地食用碳水化合物、蛋白质、脂肪、维生素以及矿物质等营养物质。并非是因为处在减肥期间就只食用蔬菜而不摄入米饭，这种观念会导致营养物质的摄入不均衡。还有些朋友是因偏食而得不到饮食上的满足，为了充饥只能摄入过多的零食。因此，我对于这类朋友的建议就是，以"通过食物摄取均衡营养"为基础来进行减肥。

当您饮食合理之后，摄入的零食也就会变少。但即便如此，完全戒掉食用零食的习惯也是非常困难的，所以在零食的选择上我们就需要更加用心。与巧克力相比，在购买零食的时候，可以选择一些曲奇类的营养补充品或者干果等有营养的零食。

● 一天两食是造成易胖体质的元凶

为了减少热量的摄入，一些朋友会在减肥的过程中不吃早餐。但是，本来是想减少热量的摄入，结果体重不但没有减轻，反而变得更重。

一般来说，人体内的血糖含量在进食后会有所提高，而随着时间的推移逐渐降低。如果距离下一次饮食的间隔时间变长，就会感到强烈的饥饿感，使身体处在低血糖的状态。因此，在之后的进食中，身体会过度反应，导致血糖值加速上升。

随之，胰脏就会加速分泌被称作"胰岛素"的激素来控制血糖。但是，胰岛素所不能消耗的糖分就会堆积在体内的脂肪细胞内，随着进食的结束，胰岛素就会以脂肪的形式存留在身体之内。

所以，为了使脂肪高效的燃烧，控制血糖值是非常重要的。为了避免血糖值不正常的高低变化，与一日两餐相比，间隔4~6小时的一日三餐是最为理想的。

●晚餐拖后变成宵夜

如前所述，每天三餐是最为理想的饮食习惯，但是，有些朋友经常会在很晚的时候才进食晚餐，增加每餐之间的时间间隔而导致晚餐食用过晚，这对于减肥也是非常不利的。因为过晚食用晚餐会导致食物不能很好地进行消化，导致身体不能合理地进行休息，造成睡眠不足，身体也会容易发胖（参考P68）。如果食用晚餐的时间较晚，可以在黄昏的时候食用加餐，使晚餐时不会过度进餐。例如，傍晚时食用一个富含碳水化合物的饭团，夜餐时选择食用蔬菜、鱼肉以及豆腐等富含蛋白质以及维生素、矿物质的食物，最好是选择一些容易消化的食物。

改善体质！击退
慢性疾病困扰的果汁

营养不良也可以看成是慢性疾病久治不愈的一个原因。当营养不均衡的时候，人体的新陈代谢变慢，身体不适，最终导致易胖体质的形成。通过饮用果汁补充营养成分，调节饮食的平衡，最终从根本上改善体质。

切

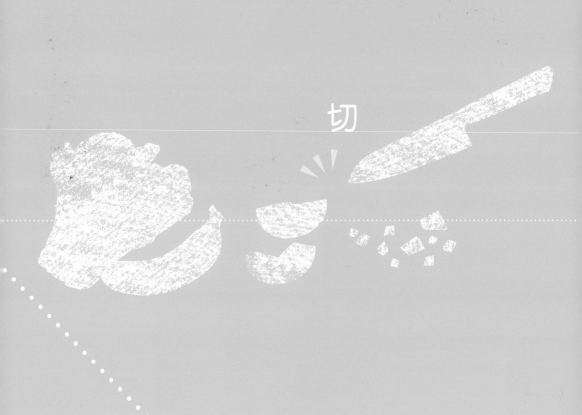

治疗便秘的果汁

便秘不仅会使未消化的食物堆积在肠道中而产生腹胀，还会形成毒素。长此以往就会阻碍营养的吸收，使皮肤缺乏光泽，新陈代谢减慢，最终引起肥胖。引起便秘的主要原因是水分不足、吃饭不规律以及寒湿导致的肠道功能减弱。可以通过补充水分、清理肠道的乳酸菌以及促进肠胃蠕动的食物纤维来改善肠胃功能，最终消除便秘症状。

治疗 便秘 的果汁

1

这款果汁如同甜点一般，味道浓郁。西梅、香蕉都富含食物纤维，可以增加排便量，促进肠胃蠕动，增强消化。

材料

西梅 ・・・・・・・・・・・・・・・ 4粒 (约40g)
食物纤维的宝库，富含女性身体缺少的铁元素。

香蕉 (小) ・・・・・・・・・・・ 1/2根 (约50g)
多含食物纤维，富含调整肠道的低聚糖。

水 ・・・・・・・・・・・・・・・・・・・・・ 150ml

演变风格

+杏仁　5粒（约5g）

味道香甜的杏仁可以增加果汁的食物纤维含量，同样杏仁还含有维生素E。能够改善身体的寒湿症状，起到消除便秘的功效。

制作方法

将香蕉去皮，切成大块。将所有的材料放入搅拌机内混合。

137卡路里

治疗 *便秘* 的果汁 # 2

清新爽口的美味果汁。西兰花中的叶绿素可以很好地吸收毒素，苹果中的食物纤维可以促进排便，使毒素更好地排出体外，让我们的肠道更加清爽。

材料

西兰花 ·············· 2朵（约30g）
富含吸收体内毒素的叶绿素。

苹果 ··············· 1/3个（约80g）
富含食物纤维。苹果皮中含有多酚。

酸奶（含糖） ··············· 100g
乳酸菌可以使肠道更加健康，改善便秘。

柠檬汁 ··············· 1小勺

制作方法

苹果带皮切成大块，将所有的材料放
入搅拌机内混合。

121卡路里

演变风格

西兰花2朵（约30g）

▼

甜椒 1个（约30g）

略带苦味的甜椒可以增加果
汁的特殊味道。与西兰花相
同，甜椒也富含叶绿素，排
毒效果显著。

治疗**便秘**的果汁 # 3

酸奶柔顺的酸味与玄米片特有的香味非常搭配。玄米的食物纤维可以很好地促进肠胃的蠕动，配合乳酸菌起到双重效果。

材料

玄米片 ·· 10 g
富含食物纤维以及代谢糖的维生素B1。

酸奶（含糖）·································· 150 g
乳酸菌可以促进肠道的健康，富含蛋白质。

制作方法

将所有材料放入搅拌机内混合。

141 卡路里

演变风格

+ 苹果 1/3个（约80g）

在果汁中加入与酸奶极为搭配的新鲜苹果可以增加果汁内的食物纤维含量。果皮中含有的多酚还可以产生抗酸的效果。

弄清便秘的原因，选择适合自身的食疗方法

通过记录每天生活的作息习惯，寻找消除便秘的方法。一天当中，我们摄入体内的水分的量应该是自身体重（kg）×35ml。假如每天的饮水量较少，可以随身携带水壶来多次摄入水分。如果吃蔬菜较少，食物纤维不够，就请再多吃一些蔬菜。如果不能正常食用早餐，那么也请您多少吃一点食物，以促进肠胃的蠕动。同样，如果您感受到了便意却又不能及时上厕所的时候，也容易造成便秘。因此，如果早上时间较为紧张，请您适当调整作息，提前起床，完成正常的排便。

演变风格

具有正常作用的乳酸菌可以使身体内部更加干净

● 善玉菌可以使肠道内更加健康

肠道与美容以及减肥的关系密不可分。特别值得注意的是，便秘一直就是美容以及减肥的最大敌人。肠道具有消化食物、分解与排除有害物质的作用。当您产生便秘的时候，肠道的这些机能就会停滞，产生代谢功能降低、皮肤老化等各种各样的问题。我们都知道，乳酸菌一直被称作整肠的良物，那么乳酸菌究竟是何物呢?

我们可以将肠道内的细菌大致上分为"恶玉菌"和"善玉菌"。恶玉菌将大肠中食物的残渣分解，制造有害的物质。一般来讲，这些有害的物质会随着粪便一起被排出体外，但是当肠道消化系统紊乱而产生便秘的时候，这些有害的物质就会滞留在体内。这样一来，食物的营养成分就不会被身体充分吸收，导致新陈代谢低下，进而产生皮肤暗淡。当肠道消化系统紊乱的时候，人体自身的免疫力也会随之下降，各种病毒就容易入侵人体。因此，为了刺激胃肠的蠕动，激活肠道功能，善玉菌就发挥了作用。所以，抑制恶玉菌的产生，就需要更多的善玉菌来清理肠道，使肠道功能恢复正常，消除便秘，改善皮肤的颜色。乳酸菌就是善玉菌中的一种。

● 发酵食品中的乳酸菌

当人体摄入乳酸菌之后，肠内的恶玉菌就会得到抑制，使肠道环境更好。同时乳酸菌还能够促进肠道蠕动，增加排泄。

其中最为我们熟知的就应当是酸奶了。当早晨饮用了含有酸奶的果汁后，肠道会得到有效的刺激，发挥作用的乳酸菌增加了肠道内的善玉菌，消除便秘。同时，酸奶中的乳酸菌还是食物纤维和低聚糖的养分，可以促进它们的产生。饮用酸奶的同时增加食用富含食物纤维以及低聚糖的香蕉和牛蒡，可以使善玉菌发挥更大的效用。

除了酸奶以外，奶酪、发酵黄油等乳制品以及味增汤、酱油、咸菜、泡菜、盐麸、酒糟等发酵食品也富含乳酸菌。人类体内的乳酸菌会随着年龄的增加而逐渐减少，所以非常有必要通过食物来补充乳酸菌的摄入。从今天开始，让我们积极地摄入充分的乳酸菌吧。

●清理肠道的其他良方

我们在减肥的过程中，有时会控制油的摄入，但是如果过度控制，也会造成便秘。为了避免这种情况的产生，我们就有必要摄入健康的食用油。例如，选择富含油酸的橄榄油以及使用优质油制作的沙拉酱，这些对于改善便秘都是有好处的。

另外，产生造成肠内环境紊乱的恶玉菌增殖的原因还有饮食不均衡、精神压力大等。除了摄入能够清理肠道的乳酸菌以外，保持早睡早起和适当的运动、养成健康均衡的饮食习惯、克服精神压力等也是非常重要的。

另外，肠内环境和免疫力也有很大关系，请参考P76、77。

治疗体寒的果汁

体寒会导致体内的血液循环变差，身体为了保持正常体温来抵御寒冷，皮下脂肪会变厚。同时，营养成分不能够被输送到全身，基础代谢也会减弱，形成易胖体质。通过早晨饮用果汁来获取维生素和蛋白质，让人体从蛋白质、糖分、脂肪中获得能量，使身体变温暖。多食用维生素E可以使血液循环畅通，身体更加温暖。

治疗**体寒**的果汁

1

生姜略带刺激的味道，是改善体寒的最好食物。生姜中富含维生素C，可以增强毛细血管的供血能力，改善血管末端的循环。

材料

香橙 ·················· 1/2个（约100g）

维生素C可以强化毛细血管功能。

生姜 ·················· 1块（约10g）

姜辣素可以使身体发热。

蜂蜜 ·················· 1大勺

碳酸水 ·················· 100ml

制作方法

香橙去皮，切成大块。生姜带皮食用，将除碳酸水以外的所有材料放入搅拌机内混合。将搅拌好的果汁倒入杯中，加入碳酸水搅拌。

104卡路里

演变风格

碳酸水 100ml

▼

温牛奶 100ml

牛奶中的钙元素和色氨酸可以缓解压力与疲劳。身心放松时，血管收缩得以缓和，从而改善血液的流通。

治疗*体寒*的果汁 2

具有特殊味道的鳄梨能够与柔和味道的酸奶完美搭配。鳄梨中的维生素E和柠檬的维生素C以及柠檬酸融合后可以促进血液循环，加速新陈代谢，温暖身体。

材料

鳄梨 ································· 1/8个（约25g）
维生素E可以促进血液循环，改善身体虚寒。

柠檬汁 ································· 1大勺
富含身体新陈代谢不可或缺的维生素C以及柠檬酸。

酸奶 ································· 150ml
乳酸菌促进肠道健康，富含蛋白质。

制作方法

将鳄梨去皮，切成大块。将所有材料放入搅拌机混合。

146卡路里

演变风格

+欧芹 1根（约5g）

欧芹富含胡萝卜素以及维生素C等维生素矿物质，在果汁中加入欧芹后可以促进新陈代谢，预防体寒。

治疗**体寒**的果汁 3

在豆奶中加入味道浓郁的花生,铁元素和维生素C可以通过车前来补充,使血液中的氧气更加充足。花生中的维生素E能够促进血液循环,可改善体寒的症状。

材料

花生 ·························· 10粒（约10g）
维生素E可以促进血液循环,改善体寒症状。

车前 ·························· 4片
富含铁、维生素C等多种营养物质。

豆奶 ·························· 150ml
为减肥过程中缺少的蛋白质补充来源。

制作方法

将所有的材料放入搅拌机内混合。

130卡路里

演变风格

花生 10粒（约10g）

▼

杏仁 10粒（约10g）

一般的坚果都富含维生素E,将花生换成杏仁可以给果汁增加更浓郁的味道,也可以尝试加入核桃、松子等其他坚果。

在日常的饮食中也要注意身体的保温作用

为了保持体温,在饮食时多摄入一些温热的食物。进食温热的食物可以提升身体的温度,进食冷餐会使体内温度降低,这也是造成体寒的原因之一。所以,我们推荐您选择常温的水来制作果汁。食用生鱼片时也要搭配生姜等可以温暖身体的配料一起进食,做饭的时候也可酌情多使用一些咖喱粉和辣椒。在传统的配餐中加入一碗温热的汤,同样也可以温暖身体。营养不良也会造成体寒,所以饮食的均衡还是最为重要的。

通过改善体寒症状,便秘与水肿也能随之缓和

● 利用1年的时间改善体质

在我成功减肥13kg的过程中,有10kg是通过1年的时间脚踏实地改善饮食习惯而完成的,而最后的3kg却是又用了1年的时间才减下来的。这就是因为我常年患有体寒以及便秘的症状,为了改善这种体质才足足花了后面的一年时间。所以,要想减肥成功,努力地改善体寒以及消除便秘的症状是非常重要的。

● 消除体寒症状、改善便秘

体寒会使血液循环以及淋巴功能减弱,导致营养不能够被输送到身体的各个角落。这样就会使身体的排毒不畅,水分、脂肪堆积,基础代谢功能减弱,最终导致形成易胖体质。

而且,体寒也是造成便秘的一个原因。有的人说,可以在早晨起床后饮用冷水刺激肠道来治疗便秘,但是若您患有体寒的症状,这种方法会导致肠道的蠕动变慢、内脏温度降低,肠胃的蠕动能力变得更差,进而恶化症状,所以对于这种类型的便秘症状是不适合的。

所以,对于这种情况而言,当务之急是应该改善体寒的症状。造成体寒的主要原因是过量饮食寒冷的食物、穿着较为单薄的衣服、吸烟以及运动不足等。想要改善这种症状,首先请您避免肠胃的寒冷,从饮用自制果汁开始补充水分,在日常生活中也要多饮用常温水。在摄入食物的时候,也不要一味地只吃以蔬菜为主的沙拉,还要多配合热汤以及蒸好的食物。

另外,我除了改善自己的饮食习惯以外,还会在每天都坚持泡热水澡,同时还注重了身体

的锻炼。为了更有效果，冬天时我还会坚持每日穿着袜子睡觉，长此以往，改善了我的体质，也消除了便秘的症状。

● 水肿和体寒的相互影响

体寒还会导致身体水肿。当您的身体较为寒冷的时候，血液的流动和淋巴的功能会减弱，多余的水分不能很好地被排出体外。所以，改善体寒症状之后，血液循环和淋巴功能都会变得更好，水肿的症状也会得到缓解。相反，当水肿症状减轻的时候，血液循环和淋巴功能一样会变好，体寒的症状也会相对消除。也就是说，在改善体寒症状的同时，消除水肿也可以得到很好的效果。

当每天摄入水分的量较少的时候，水分的代谢功能就会减弱，造成水肿。但是，当摄入足够水分之后，如果排尿次数不多，也会造成水肿。所以，我们推荐您除了饮用自制果汁以外，也请多饮用一些利于排尿的茶水或者花果茶。但喜欢饮用浓茶的朋友需要注意，茶水中的盐分会使水堆积在体内，导致水肿，所以在饮用茶水的时候尽量不要太浓。另外，建议您在饮酒的时候也要喝一些水。因为，如果只是单纯的饮酒，身体代谢酒精的功能会减弱，这时候摄入一些维生素和矿物质丰富的食物就显得非常关键了。

体寒、便秘、水肿之间有着密切的关系，这就要求我们仔细地审视自己的生活习惯和饮食习惯，并逐步对其进行改善。

提亮肤色的果汁

当您在减肥的时候,有可能会强行地减少饮食,这样往往会导致摄入的营养物质不充足,使皮肤不能够发挥正常的机能,引起肤色发暗、缺乏光泽的情况。为了避免这种情况的发生,就让我们在早餐中加上一杯果汁,吸收能够润肤的促进新陈代谢的维生素A、促进血液循环的维生素E以及增加皮肤弹性的维生素C等营养物质。而且,同时摄入维生素A、维生素C、维生素E,可以充分发挥它们的抗氧化作用,使我们的肌肤重现生机。

提亮**肤色**的果汁

1

对于想要拥有细腻柔滑皮肤的朋友来说，这款应用了富含维生素A以及胡萝卜素的胡萝卜果汁最为适用。加入的柠檬汁可以避免胡萝卜中的维生素C遭到酶的破坏，根据个人喜好还可以适当加入蜂蜜。

材料

胡萝卜 ················ 4cm（约60g）
胡萝卜素和维生素A能让您的皮肤水润光滑。

柠檬汁 ················ 1大勺
富含皮肤生长不可或缺的维生素C。

水 ··················· 100ml

制作方法

胡萝卜带皮切成大块。将所有材料放入搅拌机内混合。

26卡路里

演变风格

胡萝卜 4cm（约60g）
▼
芒果 60g

在水果中，胡萝卜素含量较高的是芒果，适合与柠檬搭配。推荐给不喜欢吃胡萝卜的朋友尝试。

提亮**肤色**的果汁

2

在果汁中加入核桃可以增加让人欲罢不能的甘甜,很好地遮盖西兰花本身的味道。西兰花富含的维生素A、维生素C与核桃中的维生素E相互作用,能更好的增加皮肤质感。

材料

西兰花 ················· 2朵（约30g）
富含抗氧化作用的维生素A、维生素C,完美守护肌肤。

核桃 ················· 2个（约10g）
维生素E可以促进血液循环,增加皮肤的光泽。

牛奶 ················· 150ml
皮肤生长过程中不可或缺的蛋白质宝库。

制作方法

将所有材料放入搅拌机内混合。

178卡路里

演变风格

西兰花 2朵（约30g）

▼

柿子椒（黄）1/3个（约50g）

柿子椒中富含维生素A、维生素C,红色与橙色的柿子椒含有的维生素相同,选择能够购买到的即可。

"沙拉健康"是减肥的误区

很多减肥的朋友认为蔬菜是最健康的,所以往往食用很多的蔬菜沙拉。但是,蔬菜沙拉大多味道比较清淡,所以沙拉中都使用了富含油脂的沙拉酱和蛋黄酱。例如,一勺蛋黄酱或者芝麻沙拉酱中大概含有80卡路里的热量。

提亮**肤色**的果汁

3

柿子椒中的胡萝卜素可以防止皮肤干燥, 牛奶可以供给皮肤生长必要的蛋白质, 柿子椒和鲜橙中的维生素C可以辅助蛋白质的吸收。

材料

柿子椒（红） ·············· 1/3个（约50g）
柿子椒中的胡萝卜素可以增加皮肤的光润, 还富含维生素C。

香橙 ····················· 1/2个（约100g）
丰富的维生素C是皮肤生成不可缺少的物质。

牛奶 ······························ 50ml
皮肤生长不可缺少的蛋白质宝库。

制作方法

将柿子椒切成大块，香橙
去皮切成大块。将所有材
料放入搅拌机内混合。

88卡路里

演变风格

柿子椒 (红) 1/3个（约50g）

▼

番茄 1/2个（约85g）

与柿子椒相同，番茄中也
富含维生素C和胡萝卜素。
推荐给那些不喜欢柿子椒
独特味道的朋友尝试。

持之以恒的健康饮食是减肥成功的秘诀

● 少食与高质量饮食是关键

我们经常会听到"不吃某种食物的减肥会使身体变差"的说法。在我的朋友圈里，有很多人也是通过省略碳水化合物（主食）以蔬菜汤为主进行减肥的。短短的3天就减轻了3kg，但是很容易反弹，反复这样的减肥方法之后就逐渐失去了耐力和信心，变得更加的消极起来。很明显，原因就是营养不足。当人不再摄取碳水化合物的时候，体重很容易减轻，但是缺少了身体必须的一些营养时，是不可能持之以恒的。对于饮食而言，重要的是摒弃"不吃的选择"、坚持"饮食的质量"。

● 食疗减肥轻松无压力

审视我们饮食质量的第一步——从零食开始：

①购买小包装零食。

②不过多储藏零食。

③选择酸奶、果冻等低热量的营养补充食品。

推荐的食用方法：

①明确进食时间。

②将零食倒在盘子里固定食量。

③确定每日100卡路里的进食量。

一定要制作出结合自身实际情况的规则。当想要进食甜食的时候，请放弃高热量的蛋糕，选择甜度适度的可可糖或者口香糖。这样可以使血糖升高，满足人们进食甜食的欲望。

同时，选择进食补充维生素的水果、富含矿物质的坚果以及调节肠道环境的酸奶等营养食品也是不错的。

另外，对于一些喜欢饮酒的朋友来说，即使在减肥的过程中也很难放弃喝酒的习惯。这时候我们推荐您放弃薯条等煎炸的食物，选择水煮、烧烤以及蔬菜等食物。在家中制作沙拉的时候，请尽量不使用沙拉酱，而是加入盐、酱油以及橄榄油等佐料。这种方法不仅可以使沙拉很好吃，满足我们的进食欲望，也可以保证进食优质的脂肪。这样的减肥方式毫无压力，也不会破坏您的饮食平衡以及营养摄入。

●稳步减肥，告别反弹

在减肥的过程中最为值得我们注意的就是反弹。所谓反弹，就是指辛辛苦苦减下来的体重又重新回到原体重，甚至会超过。那么我想问，在减肥的过程中您是否只重视了热量的摄入，而没有注意进食量的减少呢？实际上这才是问题的关键。

例如，当您只选择单一的食物进食，通过限制进食的种类来进行减肥时，虽然脂肪减少了，但肌肉的量也会减少，基础代谢量也同时变弱。进而，当恢复了饮食习惯的时候，热量的摄入就会过度，导致体重反弹。如果您没有运动的习惯，体重一旦反弹，基本上都是由增加的脂肪造成的，当再次进行食物摄入的限制时，肌肉会再次减少，基础代谢量也会减弱。如此下去，每次反弹的时候基础代谢量都会减弱，最终导致形成易胖体质。

那么究竟有没有不会反弹的减肥方法呢？答案当然是肯定的。

这就是需要合理的进食，逐渐改善饮食习惯，从而达到减肥目标的方法。实际上，我成功减肥13kg之后，已经经过了7年的时间，并且完全没有反弹。通过改变饮食结构，我首先瘦了10kg，之后又用了1年的时间瘦了3kg。我个人觉得，每个月瘦1~1.5kg是最为理想的减肥速度。

消除水肿的果汁

水肿是由于多余的水分和废物堆积在体内而造成的。主要是因为摄入的盐分过多，导致血液流动的速度变慢，进而使身体的代谢能力降低，形成易胖体质。可以多食用苹果、香蕉以及猕猴桃这些水果消除水肿，因为这些水果中的维生素C、维生素E可以使血液循环通畅，而钾元素又可以将过多摄入的盐分排出体外。

消除**水肿**的果汁

1

在黄瓜汁中加入柠檬和蜂蜜，使果汁更具鲜果风味。黄瓜中的钾元素与牛奶中的皂角苷可使多余的盐分和水分排出体外，进而消除水肿。

材料

黄瓜 ·························· 1/2根（约50g）
富含钾元素，可以使盐分溶解在水中并排出体外。

柠檬汁 ·························· 1大勺
维生素C可以强化毛细血管，改善体寒。

豆奶 ·························· 100ml
具有利尿作用的大豆皂角苷可以缓解水肿。

蜂蜜 ·························· 1大勺

制作方法

将黄瓜切成大块。将所有材料放入搅拌机内混合。

119卡路里

演变风格

黄瓜 1/2根（约50g）

▼

哈密瓜 50g

哈密瓜中也富含钾元素，具有利尿作用。果汁中加入哈密瓜之后会使味道具有一种自然的香甜。可以适当减少蜂蜜的用量。

消除**水肿**的果汁 **2**

香蕉的甜味非常适合搭配猕猴桃的酸味。丰富的钾元素可以将水分子排出体外。猕猴桃中富含美容所不可或缺的维生素C。

材料

香蕉(小) ·············· 1根(约100g)
具有利尿作用的钾元素可以减轻水肿。

猕猴桃 ················ 1/2个(约60g)
富含钾元素和维生素C。

水 ····················· 50ml

制作方法

将香蕉、猕猴桃去皮切成大块。

将所有材料放入搅拌机内混合。

118卡路里

在菜谱中加入温热的食物可以防止饮食过度

防止饮食过度重要的是细嚼慢咽。同时,在吃饭之前饮用一杯温暖的汤,可以舒缓肠胃的压力。进食温热的食物也可以减轻肠胃的负担,还具有放松压力的作用。在进餐的时候保持心情舒畅,细嚼慢咽可以使满足感大幅度提升,有效地防止进食过量。放松的进餐,肠胃会分泌胃酸来修复胃部功能,舒缓胃部的疲劳。但要注意的是,如果食物温度过高会刺激胃部,所以请控制食物的温度。

演变风格

猕猴桃 1/2个(约60g)

▼

黄瓜 1/2根(约50g)

不喜欢猕猴桃籽口感的朋友可以尝试使用黄瓜来代替,除了黄瓜也可以使用哈密瓜等富含钾元素的瓜类水果。

演变风格

消除水肿的果汁

3

鳄梨中的维生素E和钾元素可以促进血液循环，加速水分排出体外，增强身体的代谢功能。哈密瓜也富含钾元素。最后，可以根据自己的喜好加入蜂蜜。

材料

哈密瓜 ···················· 100g
钾元素使盐分和水分一起排出体外。

鳄梨 ···················· 1/8个（约25g）
鳄梨中富含钾元素。

柠檬汁 ···················· 1小勺
富含新陈代谢不可或缺的维生素C。

水 ···················· 50ml

制作方法

将哈密瓜、鳄梨去皮切成大块。

将所有的材料放入搅拌机混合。

90卡路里

演变风格

哈密瓜 100g
▼
黄瓜 1/2根（约50g）

使用具有利尿作用的黄瓜代替哈密瓜，根据个人喜好适度加入蜂蜜，最后也会形成和哈密瓜味道极为相似的果汁味道。

在零食时间享受美味零食

在看电视的时候，我们经常会发现一整袋子零食很快就被我们吃掉。类似这种一边做事情一边吃东西的习惯使我们在毫无意识的情况下就吃掉了很多零食。为了防止这种情况的发生，设定专门的零食时间就很有必要了。例如，我们可以将袋子中的零食倒入盘子中，既可以享受这种过程，又可以很好地控制进食量。同时，我们还推荐您详细记录下进食的量。购买代替大袋零食的小袋零食，选择小点心代替脂肪过多的蛋糕和曲奇，使用类似的方法来逐渐改变我们购买零食的方式。

利用消除疲劳的泡澡打造易瘦体质

● 沐浴是减肥的"好伙伴"

泡澡对于减肥是大有益处的。但是，有些朋友因为肥胖而不喜欢泡澡，也可以简简单单地进行淋浴。我从减肥开始就坚持每天沐浴，慢慢地缓解了自己的体寒症状，同时觉得身体的新陈代谢也变好了，泡澡的好处不言而喻。

那么，为什么泡澡对于减肥有好处呢？首先，泡澡具有解乏和转换心情的作用。仅仅是在热水中浸泡身体，您就能逐渐感觉到身体的紧张感逐渐消失。同时，在减肥的过程中所产生的身体压力也会随着泡澡而消解；其次，泡澡还会消耗我们自身的热量。身体泡在热水中的时候，人体的毛细血管会扩张，身体承受着水的压力，血液循环也会加速。我在泡澡的时候还会用手按摩足底，可以消除腿部的水肿。当肩膀痛的时候，可以适当的旋转肩膀和脖子，轻轻地按摩胸部。当有便秘的时候，我们还可以按摩腹部，因为身体温度较高，所以按摩的效果是非常明显的。

● 有意识地调节水分摄入量，使泡澡可以发挥更好的作用

下面为您介绍泡澡的方法，在40℃的水温下可以进行半小时的半身浴。

因为温度适宜，所以可以进行长时间的泡澡，以温暖整个身体，此方法特别推荐给患有体寒症的朋友。但同时需要注意，半身浴会使肩膀部分受凉，在泡澡的时候可以将热毛巾搭在肩膀上以保持温暖。

如果想要消耗自身的热量，可以在42℃左右的热水中反复泡澡。我在澡盆中泡澡时是用5分钟清洁身体，4分钟洗头发，最后再浸泡3分钟。注意在泡澡的过程中不要过于匆忙，这样会导致效果不好，请保持愉快的心情进行泡澡，以恢复您的元气。最后，注意不要在饱食后泡澡。

因为泡澡会消耗大量的体力，所以在入浴前后注意保证水分的摄入。这时候不要饮用凉水，可以选择温水，将身体内部的温度提高，这样出汗的时间也会提前。在出浴之后饮用温水可以保证身体的温度不会迅速降低，也可以饮用茶水。最后，可以迅速钻入温暖的棉被中，这是保证身体温度最好的方法哦！

●出浴后尽量控制食物的摄入

根据个人习惯的不同，每个人的入浴时间也会不同，在饮食之后迅速入浴会导致消化不畅，所以尽量避开饭后即刻入浴。

享受泡澡的乐趣，消除一天的疲劳，缓解压力。您也可以在洗澡水中加入一些浴盐，播放一些自己喜欢的音乐，慢慢地享受最美好的泡澡放松时间！

营养充足的香蕉套餐

不同季节的美味果汁

春

草莓是一种深受大家喜爱的美味水果,搭配香蕉之后更能增加味觉的满足感,拥有着华丽的色彩和奢华的香味。富含的维生素C能打造出完美肌肤。

材料

草莓	4粒(约60g)
香蕉(小)	1根(约100g)
水	100ml

制作方法

香蕉去皮切成大块。将所有材料放入搅拌机内混合。

106卡路里

夏

紫外线照射强烈的夏天,补充维生素C是非常有必要的,所以请多食用一些苦瓜等富含营养物质的蔬菜。加入香蕉能够很好地中和苦瓜的味道,美味易饮。

材料

苦瓜	1/4根(约50g)
香蕉(小)	1根(约100g)
水	100ml

制作方法

将苦瓜切成大块,香蕉去皮切成大块。把所有的材料放入搅拌机内混合。

95卡路里

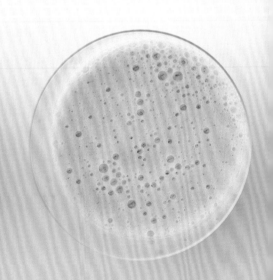

在收获美味的时节来临时，不仅要尝遍各种美食，还要注重多摄取营养物质含量高的蔬菜和水果。在果汁中加入甜度适合的香蕉，能够非常容易地制作出易饮的美味果汁。香蕉的食物纤维和低聚糖能够很好地调节身体，在享受美味的同时吸收各种物质的营养，让我们一起打造健康、完美的身体吧！

秋

秋天的疲劳逐渐显现，葡萄的糖分能够供给身体必要的能量，有益于疲劳的恢复。紫色的葡萄皮中含有的多酚具有抗氧化的作用。

材料

葡萄（无籽小粒）	20粒（约60g）
香蕉（小）	1根（约100g）
水	100ml

制作方法

将香蕉去皮，切成大块。将所有材料放入搅拌机内混合。

121卡路里

冬

冬季里我们容易缺乏维生素C的摄入，大白菜中富含维生素C和钾元素，能够预防水肿和感冒的发生。同时，大白菜和香蕉的搭配度也非常高。

材料

白菜	1/2片（约40g）
香蕉（小）	1根（约100g）
柠檬汁	1 小勺
水	100ml

制作方法

将大白菜切成大块，香蕉去皮切成大块。最后把所有的材料放入搅拌机内混合。

93卡路里

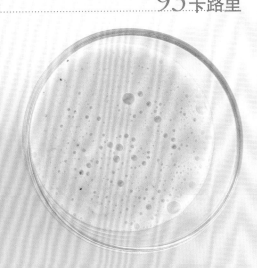

保证充足的睡眠时间,调整减肥体质

●因睡眠不足引起的饮食过度

　　亲爱的读者,你们每天都能够保证充足的睡眠时间吗? 睡眠可以休息我们的大脑、身体以及自律神经,对于美容养颜也是非常关键的。那么,究竟睡眠和减肥之间有怎样的关系呢? 这其中可是有大把学问的。在睡眠的过程中,身体会产生促进生长的激素,也就是易瘦体质形成的物质。

所谓生长激素具有以下的作用:

①促进骨骼以及肌肉的生长。

②激活免疫系统。

③燃烧脂肪。

④促进皮肤的新陈代谢。

　　特别是在入睡3小时以内,身体会分泌大量的激素。所以,调整睡眠、提高睡眠质量是非常关键的。

　　如果减少睡眠时间会发生什么情况呢? 当睡眠时间减少到5小时以下的时候,身体就会分泌出一种压力激素,更夸张的是,身体会减少被称作瘦素的一种抑制食欲的激素,而增加会产生饥饿的激素,导致我们的食欲大增。当饥饿激素增加的时候,人们就会想要摄入一些高脂肪的食物,这也就是为什么当我们睡眠不好时,经常会想要食用蛋糕、甜甜圈以及牛排等的原因了,这并不是因为劳累,而是因为我们体内的激素分泌造成的。

●急速入睡，早吃晚餐

在睡眠的时候，我们的副交感神经是处于兴奋状态的，使身体很容易进入休息模式。晚餐后，身体的饥饿感得到了缓解，肠胃的消化吸收能力就会减弱，这时候我们便很容易入睡。一般最为理想的是在睡前三小时结束晚餐。对于回家时间晚不能保证睡前三小时进餐的朋友来说，我们建议在傍晚的时候先选择饭团等食物充饥，回家之后简单地进食晚餐，次日早晨再摄入营养充足的早餐。对于晚上进食过晚，第二天经常不吃早餐的朋友来说，如果一旦早餐恢复正常食量，一般都会造成肥胖。如果正常进食早餐，中餐和晚餐的进食量就会减少，但是如果还保持和往常一样的进食量，热量摄入就会过量。所以，这时候晚上用餐就要减量。睡前的沐浴也是不可缺少的，让体温升高，放松身体，从而更好地进入梦乡。

●选择有助睡眠的食物更容易入睡

当我们因饥饿无论如何都难以入睡的时候，我推荐您饮用牛奶。牛奶中含有的色氨酸这种氨基酸是血清素的供给者，可以促进生成有助睡眠的褪黑素。

除此之外，有助于睡眠的食物还包括香蕉、青鱼、肝脏和青葱。在青鱼和肝脏中含有恢复正常睡眠规律的维生素B12，当您无法入眠或者睡眠很浅的时候，我们建议您摄入一些有益于睡眠的食物。

缓解疲劳乏力的果汁

身体感到疲劳是因为体内产生了疲劳的物质和乳酸。当乳酸增加的时候，身体吸收营养和氧气的能力就会减弱，血液循环也会变差，最终导致代谢的机能变差。柠檬酸可以分解这些由血液循环停滞而产生的乳酸，帮助身体的代谢功能恢复正常。在制作果汁的时候，我们推荐您选择富含柠檬酸的水果。

缓解 疲劳乏力 的果汁

1

柠檬、菠萝的酸味是由柠檬酸和维生素C产生的，它们能够促进新陈代谢。

材料

柠檬汁 ·············· 3大勺(约1个用量)
富含维生素C、柠檬酸,能够促进能量的代谢。

菠萝 ······················ 100g
富含维生素C、柠檬酸、维生素B1。

碳酸水 ················ 50ml

制作方法

将菠萝去皮切成大块，将柠檬汁、菠萝放入搅拌机内混合。榨汁结束后倒入杯中，加入碳酸水轻轻混合。

6.3卡路里

演变风格

碳酸水 50ml

▼

牛奶 50ml

牛奶中含有钙元素和色氨酸，能够起到缓解压力、安定神经的作用。推荐给精神比较疲劳的朋友。

缓解**疲劳乏力**的果汁

2

对于恢复疲劳很有效果的芦笋中含有天冬酰胺的特有成分，整体笔直、尖部较细的芦笋营养丰富。为了能够享受到新鲜的蔬菜香味，请一定选择新鲜的芦笋作为原料。

材料

芦笋 ···················· 1根（约20g）
天冬酰胺具有缓解疲劳的作用。

香蕉（小）··········· 1/2根（约50g）
能够将糖分迅速转换成能量。

水 ···················· 100ml

制作方法

将芦笋切成大块，香蕉去皮切成大块。将所有的材料放入搅拌机内混合。

47卡路里

演变风格

+香橙 1/4个（约50g）

富含维生素E、钙，同时香橙还能够促进营养物质的吸收。这款果汁可以使新陈代谢正常、快速缓解疲劳。

在外边用餐应选择含有蔬菜的菜肴

在外边用餐的时候，经常会选择拉面、盖饭、意大利面、饭团等单一食物，这些食物使用的材料有限，摄入的营养也不均衡。同时，我们在食用拉面的时候会选择搭配炒饭，在吃比萨的时候会选择炒荞麦面等，这些往往都会造成蔬菜的摄入不充足。所以，如果条件允许，请尽量选择有主食、蔬菜、配菜以及汤的套餐，沙拉以及水煮菜等也可以进行搭配，从而一同食用。选择便当的时候，也最好选择一些带有汤的套餐便当。

缓解 **疲劳乏力** 的果汁 **3**

柠檬的酸味和酸奶的味道很适合搭配。当人体缺乏维生素 B1 的时候,身体会产生疲劳,柠檬中的柠檬酸能够起到促进新陈代谢的作用,有效地缓解疲劳。

材料

玄米片 ·························· 10 g
富含糖分以及人体必须的维生素 B1。

柠檬汁 ············· 3大勺（约1个的分量）
维生素C和柠檬酸能够促进能量的代谢。

牛奶 ·························· 150ml
钙元素和色氨酸能够缓解精神疲劳。

制作方法

将所有材料放入搅拌机内混合。

152 卡路里

演变风格

+核桃、杏仁、花生等干果 5 g

干果富含改善血液循环的维生素E，可以缓解因体寒等因素导致的疲乏。干果中，杏仁含维生素E最多。

产生疲劳的原因与分解乳酸的柠檬酸

身体的疲劳得不到消除，主要是由于疲劳物质产生的乳酸在身体中产生了堆积。能够分解这些乳酸的物质是含有柠檬酸的鲜橙和柠檬等柑橘类水果。同时，疲劳还与能量代谢有关，所以建议您在疲劳的时候选择摄入这些能够缓解疲劳的食物。另外，如果能够在早晨摄入牛奶以及香蕉中所含有的氨基酸——色氨酸，可使您在白天的活动以及夜晚的休息都达到一种健康的状态，并且形成良性循环，所以我们推荐给容易疲劳的朋友。

何为免疫力?

● 人体所具备的保护机能

有很多朋友一直苦恼于感冒、结膜炎、麦粒肿(针眼)、闹肚子、脸上出小痘痘以及容易疲劳等,具有这些病状的朋友很有可能是因为身体的免疫力低下而引起的。另外,便秘以及体寒等问题也大多被认为与自身的免疫力有关。当提高身体的免疫力之后,就会形成不易肥胖体质以及恢复皮肤的光泽弹性。

那么,究竟免疫力是什么呢? 它是指人体抵抗进入身体内的细菌病毒或是抵抗身体本身产生癌细胞等的能力。白血球存在于身体发挥免疫功能的免疫细胞内,并且通过血液流遍全身。其中六成的免疫细胞都存在于身体内的肠道中。因此,肠道也具有防止病原体从体外进入身体内部的功能。也就是说,活化肠道免疫细胞的功能与调整肠道的功能是异曲同工的,即与提高身体的免疫力是相辅相成的。关于调整肠道功能,请参考P40、41。

● 通过营养物质提高免疫功能

除此之外,通过摄入能够构成免疫细胞的蛋白质也可以从根本上提高体内黏膜以及免疫力的机能。同时,维生素C对于强化免疫力也是非常重要的物质之一。维生素C通过抗氧化作用来保护免疫细胞、抑制过敏以及炎症的发生,还能够治疗皮肤炎症以及一些外伤。

我们还应该知道,植物是通过制造出一种叫做植物素的物质,并以色素、香味或者苦味的形式表现出来的，它们可以避免强紫外线以及害虫对于植物本身的伤害来保护自身，这种物质也是提高免疫力的重要成分。另外，葡萄中所含有的花青素、胡萝卜与南瓜中所含有的叶红素以及番茄中所含有的番茄红素都是植物素。在日常生活中，我们应该用心安排平衡的饮食，注意营养物质的摄入。

●注意良好的生活习惯也是非常重要的

免疫力是受调节内脏功能的自律神经支配的，所以当自律神经紊乱的时候，就会造成免疫力的低下。因此，过度疲劳以及睡眠不足、运动不足都会造成免疫力低下。随着年龄的增长，免疫力会逐渐降低，所以在饮食中要更多地摄入延缓衰老、抗氧化的维生素A、维生素C、维生素E等物质。维生素C还具有缓解压力的作用，是提升免疫力不可或缺的物质。

另外，对于免疫力的提升，不仅在选择摄入营养物质的方面需要注意，同时还应注意如何饮食。例如，使用温食可以温暖身体，细嚼慢咽可以更多地分泌唾液，减少肠胃的负担。另外，还不能缺少偶尔一次的享受美食。除了饮食以外，适当的运动、保持身体的温度、充足的睡眠、经常开怀大笑对于自律神经都能起到良好的刺激作用，对于活化免疫力也有帮助。

下一页将为您介绍有利于提高免疫力的果汁。

充满抗氧化物质的材料

提高免疫力的果汁

富含维生素C

在具有抗氧化作用的维生素中，维生素C能够起到肌肤再生以及预防感冒的作用。但是，没有被身体完全吸收的维生素C很容易被排出体外，所以要有意识地多次摄入。

材料

草莓 ··············	6颗（约90g）
猕猴桃 ··············	1/2个（约60g）
碳酸水 ··············	100ml

制作方法

将猕猴桃去皮，切成大块。将草莓和猕猴桃一起放入搅拌机内混合。倒入杯中后加入少量碳酸水混合。

62 卡路里

提高免疫力能预防感冒和疾病，是打造健康身体的不二法门。因此，要大量地摄入维生素A、维生素C、维生素E以及植物素。这些成分能够起到美容以及抗衰老的作用，是您保持青春的秘方。请一定尝一尝我们为您推荐的具有抗氧化作用的特别果汁，打造年轻健康体魄。

富含植物素

使用具有漂亮颜色、略带苦味、含有抗氧化成分的番茄和西兰花制作果汁，最后加入提高免疫力的酸奶，打造一款好喝的珍藏饮品。

材料

番茄	1/2个（约85g）
西兰花	2朵（约30g）
柠檬汁	1小勺
酸奶	100ml

制作方法

将番茄切成大块。将所有材料放入搅拌机内混合。

92卡路里

注意身体信息的健康陷阱

当今,市面上充斥着各种健康以及减肥的秘方。我相信有很多朋友都有过觉得某种方法好用就迅速尝试,腻烦之后又尝试其他方法的经历。当试验了各种方法、积攒了各种事实过后被问及是否有效果的时候,却往往是哑口无言。下面就让我们一起来分析一下这些所谓的"方法":

● 情况1 **对流行的减肥方法一知半解时就去尝试**

听说番茄有益于健康就只吃番茄,听说碳水化合物会增加体重就视其为眼中钉。类似上述的说法因为有其自身的理由才被推荐给大家,但是单纯摄入一种食物而造成偏食的这种倾向,其方法也很难持久下去,即便能够坚持,这种营养不均衡的做法也会露出弊端。因此,我们要避免这种偏食的饮食习惯,掌握相关知识之后再对其进行合理的组合。

● 情况2 **过分依赖健康饮品导致营养不良**

很多人由于过于相信运动饮料以及果汁饮品而经常大量饮用,但是这样会导致糖分的摄入过量。同时,在市面上销售的果汁大多是经过热处理,其中的酶已经遭到破坏,所以不能过于期待其营养含量。长期饮用还会造成肥胖。

● 情况3 **一知半解的营养知识和不均衡的饮食生活造成失败**

有些朋友听说贫血是由于缺铁造成的,于是就大量地补铁,致使过度摄入了含有铁元素的蔬菜以及海藻类、豆类等食物。

但是殊不知，铁元素较难被身体吸收，需要同时摄入维生素C以及蛋白质才能够提高吸收效率。因此，如果想要让各种营养物质充分地发挥作用，健康平衡的饮食生活一定是重要的基础。

●情况4 过分重视"量"忽略"质"而造成易胖体质

在减肥的过程中，有些朋友会过度地看重热量。在白天进食的时候，面包与牛奶的搭配，不如米饭、味增汤、生姜猪肉饭与沙拉搭配。前面的组合热量较低但是糖分过多，同时维生素和矿物质不足且营养不均衡，容易导致形成易胖体质。当我们过度重视低热量（量）而忽略营养（质）的时候，往往会造成易胖体质。

●情况5 材料种类过多造成相反效果

曾经一度流行"每日食用30种食物"的说法，但在现实中是很难实现的。同时，30种蔬菜未必都是当季新鲜的品种，有时不新鲜也会导致味道不佳，同时营养物质含量低，所以一天30个品种也未必是最好的平衡法则。另外，在食用多种材料的时候，增加了调味料的使用量，进而导致热量的摄入过高。每天的营养平衡自然重要，但当工作繁忙的时候往往不能保证正常进食，这时候还一味地执著于营养平衡，反而会造成营养摄入过度。因此，对于这种情况，我们推荐您不妨以周为单位，因为健康的饮食习惯不是短期内就能形成的，我们要有长远的目标和打算，不能着急。

改善贫血的果汁

在女性生理期间，会造成构成血液的铁元素明显不足，同时进食受到限制而导致营养不良，于是进一步地造成贫血。虽然大多数人不会认为自己是处在贫血的状态，但是身体会产生乏力、脸色变差等情况，这些其实都是缺乏铁元素所造成的。当这种情况产生的时候，请多食用一些含有铁元素的食物，例如海苔、羊栖菜等。对于早餐果汁而言，我们推荐您使用含有铁元素以及能够促进铁元素吸收的维生素C的菠菜、小松菜。

改善**贫血**的果汁 **1**

清爽平淡的味道，原料中的菠菜含有铁元素和维生素C以及芝麻中的叶酸都具有造血功能。芝麻碾碎之后更容易使人体吸收营养，最后可以根据自己的喜好加入蜂蜜。

材料

菠菜 ················· 2棵（约20g）
铁元素和维生素C可以有效地缓解贫血症状。

碎芝麻 ·················· 1大勺
含有造血必须的叶酸，能改善贫血症状。

豆奶 ·················· 100ml
含有吸收铁元素的矿物质。

制作方法

将菠菜切成大块。将所有材料放入搅拌机内混合。

86 卡路里

演变风格

菠菜 2棵（约20g）

▼

小松菜 1/2棵（约20g）

小松菜富含铁以及维生素C，同时能够提供钙质，以它为原料制作的果汁比菠菜更具清新口感。

改善**贫血**的果汁 2

浓郁的味道给你无限的味觉满足感。西梅中富含的铁元素可以通过草莓中含有的维生素C提高吸收能力,推荐给由于缺少铁元素而导致贫血的朋友。

材料

西梅 ························· 2粒(约20g)
富含铁元素,可以改善缺铁症状。

草莓 ························· 5粒(约75g)
维生素C和叶酸,可以促进铁元素的吸收,改善贫血。

水 ························· 100ml

制作方法

将所有材料放入搅拌机内混合。

73卡路里

演变风格

草莓 5粒（约75g）

▼

香橙 1/2个（约100g）

香橙可以作为维生素C的补充来源，一年四季都可以买到。香橙中所含有的叶酸与维生素C可以促进铁元素的吸收。

改善**贫血**的果汁

3

用较多的欧芹来点缀果汁的味道，如同蔬菜沙拉一般的清新口感。果汁中富含造血不可或缺的维生素B12、维生素C,叶酸的增多可以提高维生素的吸收效率。

材料

香芹 ·················· 1根（约5g）
含有造血必须的叶酸，能够改善贫血症状。

鲜橙 ················· 1/2个（约100g）
维生素C可以促进铁的吸收。

牛奶 ·················· 50ml
维生素B12和叶酸可以促进身体的造血。

制作方法

将芹菜切成小块，香橙剥皮切成大块。将所有材料放入搅拌机内混合。

75卡路里

● ● ● ● 小专栏 ● ● ● ● ●

单纯补充铁元素也难以改善贫血的情况

发生贫血症状的时候，补充铁元素可以得到改善，但是有很多朋友在摄入了大量铁元素之后还是难以改善。例如，有些朋友偏食，身体所需要的营养不能很好地被运输到身体各处，此时铁元素就不容易被吸收，因此摄入再多的铁元素也是没有作用的。这时候，首先要在摄入多种营养物质改善平衡的基础之上，再有意识地进行铁元素的摄入。另外，在造血的过程中，叶酸以及维生素B6、维生素B12、维生素C也都会发生作用。除此之外，构成血液的血红蛋白又是铁元素和蛋白质共同合成的，我们需要摄入多种营养素以及蛋白质。

演变风格

芹菜 1根（约5g）

▼

菜花 20g

菜花中富含叶酸。叶酸属于水溶性营养物质，如果放在水中煮时间过长，叶酸就会流失，所以将其作为果汁饮用就不用担心了。

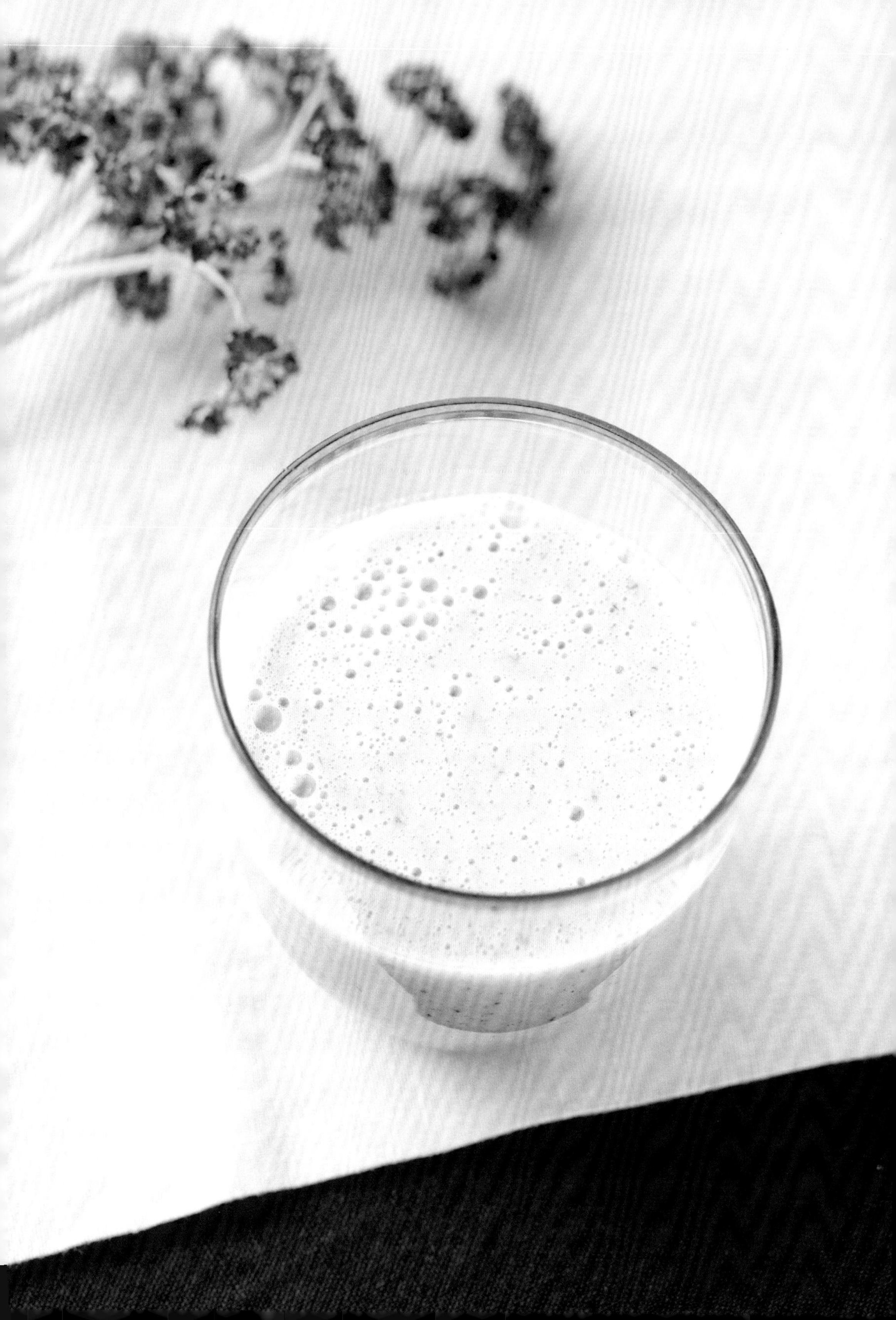

巧妙利用女生身体变化进行合理减肥

● 生理期来临前减肥难以进行

　　女生的身体会以生理期(月经)的28天左右为单位产生变化,这种变化被称作女生的荷尔蒙周期。随着周期的变化,女生的身体以及精神都会发生很大的变化,这是女生们的一个共识。特别是在生理期来临前,女生会感到食欲增大、心慌不安、腰部和头部不适、身体水肿、皮肤失去光泽,而且很容易造成情绪的不稳定,我们把这种情况称作经前综合征(PMS)。

　　在这个时候,减肥很难产生效果。在月经来临前,身体为了保证生理期的出血量,会提前储备一些水分,这也导致身体的水分代谢变差,体内的水分增加。因此,这时候会产生身体的水肿以及体重的增加,有些朋友会因为身体的增重而产生压力,导致饮食过度。对于这个问题,我想告诉广大女生朋友,伴随着生理期的来临,身体增重1~2kg是非常正常的,随着生理期的结束,体重就会恢复到原来的样子,所以这时候不必慌张,也无需顾虑重重。

● 控制来自甜食的诱惑

　　从生理前期到生理中期,有很多朋友会失去理性地过度食用甜食,这是因为在生理期内压力过大,神经传导物质血清素减少,导致身体产生对于糖分的过度需求。但是,当我们过度进食甜食之后,身体内的血糖便会随之上升,当血糖急速下降的时候,身体会感到疲劳以及产生忧郁的情绪。所以,为了保证血糖值的平稳,缓和经前综合征,我们一定要避免这种过度的饮食。

　　如果真的非常想吃甜食,我们推荐您选择含有优质蛋白质、脂肪、矿物质的奶酪以及坚果类食物，最好是手工制作的，不要选择含糖量过高的蛋糕。

　　另外，咖啡因等刺激神经的物质会引起身体过敏，所以最好控制饮用。蔬菜以及海藻类食物富含矿物质，具有缓解神经的功效，可以放心摄入。在生理期内，经血过多的时候会造成贫血症状，所以请选择含铁成分多的海藻以及动物肝脏类食物。

　　在生理期的1周里，食欲会慢慢减弱，水分代谢以及新陈代谢也会逐渐改善。这时候比较容易控制食欲，所以生理期增加的体重也会迅速的减少。

●怀孕时避免过度增胖的减肥方法

　　下面为您介绍一下女性在怀孕过程中的减肥方法，女性怀孕是身体重要的变化时期，如果体重过度增加，会引起妊娠高血压以及妊娠糖尿病等并发症。同时，蛋白质、钙质、铁元素、叶酸等物质的摄入也要比平时更多一些。对于饮食的控制以及单一饮食对于孕妇及孩子都是不健康的，所以在控制体重的同时也要考虑饮食的质量，保持营养的平衡。每日三餐正常进食，多选择一些蔬菜和菌类等富含食物纤维的食材，同时注意不要过度摄入油腻的食物。

重塑健康的7种颜色

彩虹果汁

蔬菜和水果的颜色是营养物质的体现。例如,红色有助于提高免疫力、绿色有助于延缓衰老。摄入不同颜色的食材,能够吸收不同功能的营养物质。在本节中,我们使用7种颜色的材料制作出既好看又好喝的果汁,并介绍每种的功效,希望这些能够成为您生活中的参考。

红色

番茄中的番茄红素以及胡萝卜中的胡萝卜素都为红色色素,具有抗氧化、提高免疫力的作用。在果汁中加入能够产生气泡的碳酸,可以缓和胡萝卜的口感。

·其他红色食材
洋红葡萄柚、西瓜、红色柿子椒等。

材料

番茄	1/2个 (约85g)
胡萝卜	2cm (约30g)
碳酸水	100ml

制作方法

将番茄切成大块,胡萝卜带皮切成大块。将番茄、胡萝卜一起放入搅拌机内混合。

27卡路里

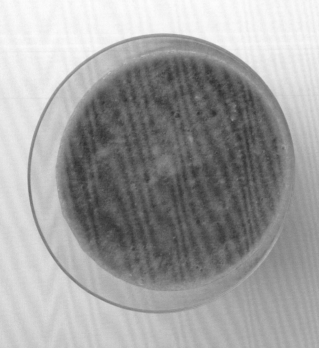

黑色

黑芝麻含有芝麻素，芝麻皮里还含有可以抗氧化的花青素，对于提高免疫力也大有好处。将黑芝麻碾碎之后可以提高它的被吸收效率，与香蕉的味道非常搭配。

·其他黑色食材

黑豆、西梅、葡萄干等。

材料

黑芝麻	1大勺
香蕉（小）	1根（约100g）
豆奶	100ml

制作方法

将香蕉去皮切成大块，将所有材料放入搅拌机内混合。

168卡路里

绿色

绿色蔬菜中富含叶绿素，能够很好地吸收毒素，同时也是抗衰老的良方。菠菜中还有铁、叶红素、镁等营养元素。用绿色蔬菜制作出的果汁口感清爽，看上去也赏心悦目。

·其他绿色食材

西兰花、小松菜、绿色柿子椒、猕猴桃等。

材料

菠菜	2棵（约20g）
苹果	1/3个（约80g）
水	100ml

制作方法

将菠菜切成大段，苹果带皮切成大块。

将所有材料放入搅拌机内混合。

47卡路里

白色

山药能够起到保护胃黏膜的作用，其中的酶可以帮助消化。牛奶的色氨酸可以起到安神的作用。这款果汁的口感非常顺滑。

·其他白色食材
大葱、菜花、萝卜等。

材料

山药	2 cm（约50g）
牛奶	100ml

制作方法

将山药去皮切成大块。将所有材料放入搅拌机内混合。

100卡路里

紫色

蓝莓中含有花青素，能够缓解眼疲劳，具有抗氧化的作用。很多紫色食材都具有抗氧化的作用。味道清爽，根据个人喜好还可以加入蜂蜜。

·其他紫色食材
石榴、葡萄、茄子等。

材料

蓝莓	50粒（约50g）
碳酸水	150ml

制作方法

将蓝莓放入搅拌机内混合。将蓝莓汁倒入杯中，加入碳酸水搅拌。

25卡路里

黄色

•黄色可以称作是维生素C的标志。黄色柿子椒中含有叶红素，菠萝中含有柠檬酸，这些都能够促进新陈代谢，缓解疲劳，还具有美容的效果。

·其他黄色食材
葡萄、柠檬、芒果、南瓜等。

材料

柿子椒（黄色）…1/5个（约30g）	
菠萝	100g
水	50ml

制作方法

将柿子椒切成大块，菠萝去皮切成大块。

将所有材料放入搅拌机内混合。

59 卡路里

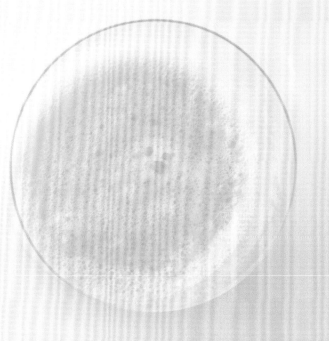

茶色

茶色食材富含食物纤维以及抗氧化物质，玄米中含有比普通大米更多的维生素、矿物质，杏仁中含有丰富的维生素C，用它们制作出的果汁香味十足。

·其他茶色食材
生姜、牛蒡、核桃等。

材料

玄米片	10g
杏仁	10粒（约10g）
酸奶	150ml

制作方法

将所有的材料放入搅拌机内混合。

197 卡路里

摄入富含酶的"低温食物"

● 人体活动不可或缺的酶

对于人类的消化、吸收、代谢等一系列生理活动来说，酶有着重要的作用。眨眼、思考、烦恼以及骨骼和皮肤的生长都与酶息息相关。另外，在提供给人体能量的碳水化合物、蛋白质、脂肪等三大营养素的代谢循环中，维生素、矿物质是必须的，而酶作为其催化剂也发挥着重要的作用。酶本来是由人体自身产生的，但是由于现代人过度摄入人工食品，消化酶就被过度浪费了，而压力以及吸烟、睡眠不足等情况也会导致酶的消耗。因此，通过摄入必要的食物来补充酶也是非常非常重要的。

在人体内，含有3000种以上的酶，但大致上可以分成消化酶和代谢酶两大类。消化酶可以在分解食物中发挥其强大的吸收作用，而代谢酶则在人的生存中起到了一切必要化学反应的媒介作用（如眨眼等生理反应的媒介）。酶的含量在身体中是一定的，而消化酶和代谢酶则保证身体内酶量的平衡。因此，暴饮暴食、进食过多不容易消化的食物都会导致代谢酶的不足。当代谢酶不足的时候，代谢能力就会变差，人体的免疫能力以及产生能量的机能也会变差，结果便导致了身体的肥胖。

●酶摄取的渠道——鲜果汁

如前所述，现代人由于酶摄入不足，就很有必要从食物中补充足够的酶。食物中的酶不耐热，在48~70℃就会损失。因此，如果生吃食物是很难获取酶的。但是，市面上销售的果汁大多经过了热处理，所以酶基本都受到了破坏。不过，蔬菜以及水果中的酶是没有遭到破坏的，如果饮用手工鲜榨的果汁就能够摄入大量的酶。

除了鲜榨果汁以外，从沙拉、刺身以及意大利料理的生牛肉片中也可以获取酶，但要在饮食中搭配一些温食，以保证身体的温度。在常规套餐中，例如烤鱼搭配的萝卜、猪肉饭搭配的生菜、生熏肉搭配的水果等都是很好的选择，其中的萝卜、生菜、水果能够有助于加速鱼、肉的消化。最近较为流行的低温食物就是在48℃以下完成食物处理的一种调理方法，如果有感兴趣的朋友，不妨尝试着料理一下，如在鱼肉的料理中加入蔬菜、将蔬菜切成薄片混合沙拉酱等都是不错的选择。在刚开始尝试的时候，首先要重视营养平衡，然后再享受料理的乐趣。

除此之外，酶还存在于纳豆、咸菜、泡菜、味增、酱油等发酵食品中，在进食的过程中可以适量摄入。

3

立竿见影！
解决您燃眉之急的
高效果汁

通过果汁缓解身体的疲劳，重获健康体魄。当身体过度劳累的时候，身体会产生不舒服的感觉。这时候，通过正确摄入营养可以紧急缓解这些突发情况。

调配

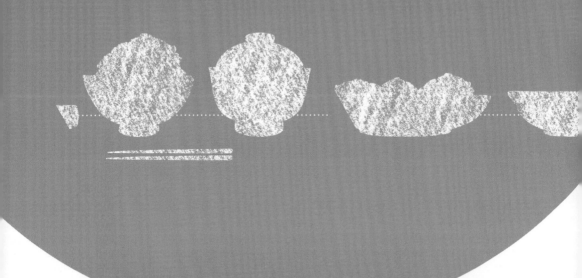

消除饮食过度造成胃部不适的果汁

在减肥的过程中，很多朋友都会管不住自己的嘴而导致饮食过度。饮食过度会给腹部造成过大的压力，使肠胃的运动变得更加迟钝，导致大量的酶被消耗而流失，代谢能力也会降低。富含大量酶的果汁可以促进肠胃的蠕动，特别适合饱食之后的第二天饮用。我们还推荐您摄入一些黏蛋白含量高的食材。

消除**饮食过度造成胃部不适**的果汁 1

清爽的圆白菜与口感浓郁的酸奶以及酸爽的柠檬混合，圆白菜中的维生素U能够起到保护肠胃的作用，帮助吸收消化。

演变风格

+ 山药　1cm（约25g）

山药中含有黏稠的黏蛋白和丰富的消化酶，可以保护我们的肠胃，这样搭配的果汁就变成一款有益于肠胃的饮品。同时口感也更加浓郁。

材料

圆白菜 ·························· 1片（约50g）
含有治疗胃病常用的维生素U，能够保护我们的肠胃。

柠檬汁 ·························· 1小勺
新陈代谢循环中不可或缺的维生素C，含有柠檬酸。

酸奶 ·························· 100ml
乳酸菌可以促进肠胃健康，富含蛋白质。

制作方法

将圆白菜切成大片，将所有材料放入搅拌机内混合。

78卡路里

演变风格

消除饮食过度造成胃部不适的果汁 2

香橙的味道可以使白萝卜的味道变得更加柔和，更适宜饮用。萝卜中含有多种能够促进消化的酶，也能有效缓解腹胀。根据自己个人喜好加入适量蜂蜜。

演变风格

白萝卜 1cm（约45g）

▼

秋葵 约20g

选择同样具有保护胃肠黏蛋白的秋葵来代替白萝卜，放入搅拌机内混合之后口感更加柔和。

材料

白萝卜 …………………… 1cm（约45g）
淀粉酶等消化酶促进肠胃的消化。

香橙 …………………… 1/2个（约100g）
富含有益身体健康且不可或缺的维生素C。

水 …………………… 100ml

制作方法

将白萝卜带皮切成大块，香橙去皮切成大块。将所有材料放入搅拌机内混合。

47卡路里

消除**饮食过度造成胃部不适**的果汁 3

葡萄柚略带苦味，健康的味道和果汁中的香味混合在一起，可以让您的心情瞬间变好。三叶草的香味是由多种成分构成的，也可缓和胃胀。

演变风格

三叶草 15g

▼

芹菜 1/4根（约30g）

芹菜中含有超过40多种能够缓解胃胀的成分，与葡萄柚的味道非常配合，是一款能让您有种好似品尝蔬菜沙拉的感觉。

材料

三叶草 ·················· 15g
三叶草的独特香味成分可以促进消化。

葡萄柚 ·················· 1/4个（约100g）
苦味成分能够调整肠胃功能。

碳酸水 ·················· 100ml

制作方法

将三叶草切成大块。葡萄柚去掉厚皮，切成大块。将三叶草、葡萄柚放入搅拌机内混合。将果汁倒入杯中，加入碳酸水轻轻搅拌。

40卡路里

缓解饮酒过量的果汁

当饮酒过量的时候，肝脏控制血糖的机能就会变差，因为其主要功能变成了分解酒精。这样一来就会导致食欲大增，然后进一步导致饮食过度。所以，在减肥的过程中，注意不能过度饮酒，同时也要注意避免进食油脂过多的零食。在饮酒的同时可以饮用一些白水，这样可以防止脱水以及预防重度酒醉。酒精会破坏维生素C的吸收，所以在饮酒的时候，可以选择一些含有维生素C的柑橘类果酒。

缓解**饮酒过量**的果汁 1

果味十足的菠萝能够很好地消除黄瓜特有的味道。黄瓜具有利尿的作用，与菠萝的维生素C共同作用时，可有效避免宿醉，分解造成宿醉的乙醛。

演变风格

菠萝 60g

▼

猕猴桃 1/2个（约60g）

猕猴桃富含维生素C，同时还具有利尿的作用，促使酒精以及乙醛的排出，有利于缓解宿醉。

材料

黄瓜 ·················· 1/2根（约50g）
钾元素有助于水分的排出。

菠萝 ························· 60g
含有柠檬酸和维生素C，可以分解酒精、解毒。

碳酸水 ······················ 100ml

制作方法

将黄瓜切成大块，菠萝去皮切成大块。

将黄瓜和菠萝放入搅拌机内混合。果汁倒入杯中，加入碳酸水轻轻搅拌。

38 卡路里

缓解**饮酒过量**的果汁 # 2

瓜类水果富含水分, 能够给身体补充充足的水。
西瓜、哈密瓜含有钾元素和维生素C, 可帮助我们
将饮酒后产生的毒素排出体外。

演变风格

哈密瓜 30g

▼

猕猴桃 1/4个 (约30g)

含有大量钾元素和维生素
C的猕猴桃可以代替哈密
瓜制作果汁。猕猴桃特有
的口感能够起到刺激味觉
的作用, 使味道更加浓郁。

材料

西瓜 ·················· 80 g
钾元素有助利尿, 维生素C能分解毒素。

哈密瓜 ·················· 30 g
钾元素有助利尿, 帮助毒素排出体外。

水 ·················· 50ml

制作方法

将西瓜、哈密瓜去皮切成大块。将所

有的材料放入搅拌机内混合。

42卡路里

缓解饮酒过量的果汁 3

能够大量摄入维生素C以及叶酸的以水果为主的酸甜口味果汁。清爽的热带果蔬，能够让您的心情瞬间变好。

演变风格

香橙 1/4个（约50g）

▼

葡萄柚 1/4个（约100g）

葡萄柚和香橙的作用相同，
都富含维生素C和叶酸，
但是与香橙相比，葡萄柚
没有苦味，更容易饮用。

材料

香橙 ················· 1/4个（约50g）
维生素C和叶酸可以分解酒精，帮助排出体内毒素。

菠萝 ····················· 60g
与香橙作用相同，含有维生素C以及叶酸。

水 ····················· 50ml

制作方法

将香橙去皮切成大块，菠萝去皮切成大块。将所有材料放入搅拌机内混合。

50卡路里

避免盐分摄入过量的果汁

在外用餐或食用便当的时候，大多会因为口味过重，导致盐分的摄入过多。当人体摄入了过量盐分，身体为了保证含盐量的平衡会储蓄一些水分，这时候就容易造成身体的水肿。当您觉得体内摄入的盐分过多的时候，可以多食用一些含有能够排出体内盐分的钾元素的食物。另外，当食物含盐量过多的时候，我们就会食用更多的米饭，这样对于减肥是非常不利的。在自己做饭的时候要注意低盐料理。

演变风格

避免**盐分摄入过量**的果汁 1

一款加入碳酸水后口感清爽的果汁, 而最后回味余味的时候, 芹菜的香气会贯通整个鼻子。芹菜和哈密瓜都富含能够使身体排出盐分的钾元素。

演变风格

哈密瓜 60g

▼

西瓜 60g

与哈密瓜同属瓜类的西瓜富含钾元素。口感清爽, 粉色的果汁能让您的夏天果味十足。

材料

哈密瓜 ···················· 60g
钾元素能够使盐分同水一起排出体外。

芹菜 ················ 1/3根 (约40g)
富含钾元素, 其香味成分有镇定神经的作用。

碳酸水 ···················· 100ml

制作方法

将哈密瓜去皮切成大块, 芹菜切成大段。将哈密瓜、芹菜放入搅拌机内混合。最后把果汁倒入杯中, 加入碳酸水轻轻搅拌。

31 卡路里

避免**盐分摄入过量**的果汁2

蜂蜜增加了果汁的甜度, 整体让人感觉口感浓郁。可以根据个人喜好进行加热。豆类中含有具有利尿作用的皂角苷, 对于排出体内盐分很有帮助。

演变风格

煮小豆 60 g

▼

大豆 1大勺

大豆中富含皂角苷。大豆与蜂蜜的融合度很高, 作为饮料很让人喜欢。

材料

煮小豆 ·················· 60g
含有皂角苷和钾元素, 能够促进盐分、水分的排出。

牛奶 ·················· 100ml
富含蛋白质、钙质, 具有安神的作用。

蜂蜜 ·················· 1小勺

制作方法

将所有材料放入搅拌机内混合。

173卡路里

避免盐分摄入过量的果汁 3

柠檬汁可以缓和欧芹特有的味道，能使果汁的整体味道变得更加柔和。欧芹在蔬菜中是钾元素含量较高的品种，做成果汁饮用更容易摄入钾元素。

材料

欧芹 ……………………… 2棵（约10g）
富含具有利尿作用的钾元素。

香蕉（小） ……………… 1根（约100g）
与欧芹相同，含有钾元素，能够促进水分的排出。

柠檬汁 …………………… 1小勺
具有新陈代谢循环不可或缺的维生素C，含有叶酸。

水 ……………………… 100ml

演变风格

欧芹 2棵（约10g）

▼

车前 4片

车前除了含有钾元素以外，还有铁、钾等平时摄入不足的营养元素。如果不喜欢芹菜的味道，可以选择这款果汁。

制作方法

将欧芹切成小段，香蕉去皮切成大块。将所有材料放入搅拌机内混合。

92 卡路里

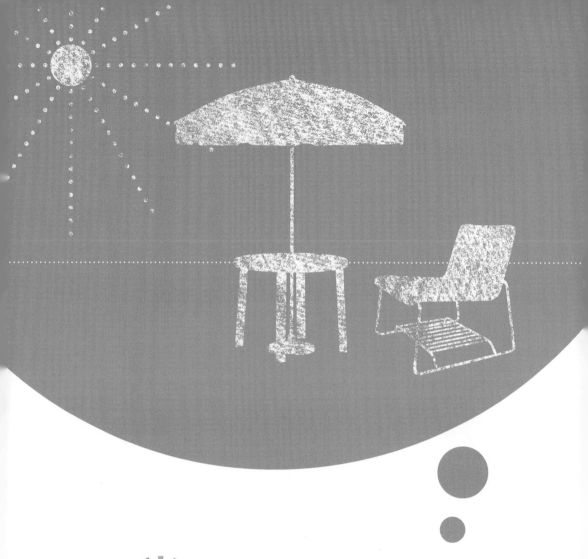

解决肌肤防晒问题的果汁

当肌肤受到紫外线照射之后，黑色素的合成会加速皮肤变黑。当被晒时间过长时，皮肤会产生黑斑、雀斑等。一般来讲，肌肤的生长周期为28天，如果生长过快，就会产生色素沉淀。当皮肤被紫外线晒得时间过长，请多摄入可以促进皮肤生长的维生素C、维生素E以及促进皮肤水润的维生素A。

解决**肌肤防晒问题**的果汁 **1**

草莓的酸甜口味与番茄汁混合之后更加易饮。果汁中富含维生素C，能够分解造成黑斑的黑色素。番茄红素也可抑制黑色素的生成。

演变风格

番茄 1/2个（约85g）

▼

西柚 1/4个（约100g）

西柚中含有番茄红素，可以代替番茄使用，使果汁果味十足。

材料

番茄 ················· 1/2个（约85g）
番茄红素可以抑制黑色素的生成。

草莓 ················· 4 颗（约60g）
维生素C可以防止黑色素的沉淀。

碳酸水 ················· 50ml

制作方法

将番茄切成大块，与草莓一起放入搅拌机内混合。将果汁倒入杯中，加入碳酸水轻轻搅拌。

37卡路里

解决肌肤防晒问题的果汁 2

加入了杏仁，使不喜欢胡萝卜味道的朋友也能够享用这款果汁。抗氧化作用很强的维生素A、维生素C、维生素E能够抵抗由于紫外线照射所产生的肌肤老化。

材料

胡萝卜 .... 2cm（约30g）
富含使维生素C、维生素E的抗氧化作用增强的维生素A。

柿子椒（红）............. 1/3个（约50g）
含有抗氧化作用很强的维生素C和叶红素。

杏仁 .... 3粒（约3g）
在坚果类中含有抗氧化成分，维生素E含量最高。

牛奶 100ml
富含蛋白质，能够促进肌肤生长周期的速度。

演变风格

柿子椒（红）1/3个（约50g）

▼

香橙 1/4个（约50g）

使用同样富含维生素C的香橙代替柿子椒，能够使得蔬菜的味道变得更加柔和，成为容易饮用的果汁。

制作方法

胡萝卜带皮切成大块，柿子椒切成大块。将所有材料放入搅拌机内混合。

111 卡路里

解决肌肤防晒问题的果汁 3

鳄梨的口味酸中带甜，加入富含维生素C的猕猴桃以及蛋白质丰富的酸奶，能够缩短您的肌肤生长周期。

材料

鳄梨 ····················· 1/8个（约25g）
维生素E可以修复因紫外线照射而受伤的肌肤。

猕猴桃 ················· 1/2个（约60g）
富含肌肤生长不可或缺的维生素C。

酸奶 ····················· 100ml
富含蛋白质，可以促进肌肤的生长。

演变风格

猕猴桃 1/2个（约60g）

▼

草莓 4颗（约60g）

富含维生素C的草莓能够滋润肌肤，春天一到要多摄入一些。味道和香气都很奢华，让您的心情也跟着更加舒畅。

制作方法

将鳄梨、猕猴桃去皮切成大块。将所有的材料放入搅拌机内混合。

144卡路里

让香料促进您的新陈代谢循环

能够温暖身体的热果汁

材料

南瓜 ················ 80g

肉桂 ··············· 1¼勺

牛奶 ············· 150ml

制作方法

将南瓜带皮切成大块，放入微波炉中

加热2分钟。将所有材料放入搅拌机

内混合，倒入耐热的马克杯中，最后

放入微波炉中加热30秒~1分钟。

176卡路里

肉桂和南瓜

柔和的肉桂香味可以让您的身心放松。南瓜甘甜的味道融入牛奶里，可以给人一种柔和温暖的感觉。也可以根据个人喜好将南瓜换成红薯。

想要变成不易胖体质,提高新陈代谢是最重要的。在这里我们推荐您一些香料。香料能够刺激身体的自律神经,促进身体的活动,从而提高新陈代谢。在饮用温热的果汁时,身体同样也变得温暖起来,可以促进血液的循环,让身心得到放松。在寒冷的冬日不妨选择饮用。

黑胡椒和奶酪

奶酪的香味突出,略咸的味道中混合着黑胡椒的刺激口感和蜂蜜的甘甜。黑胡椒可以选用带有辣椒或者碾碎的品种。

材料

奶酪粉	1小勺
黑胡椒	¼小勺
牛奶	200ml
蜂蜜	1大勺

制作方法

将所有的材料放入锅内混合,在火上加热沸腾前停火,倒入容器中。

207卡路里

通过日常生活中的运动自然提高新陈代谢

● 零运动减肥

我是一个不擅长运动的人，我在减肥的过程中也没有特意去健身房进行特别的运动。但是，如果没有肌肉的增长，基础代谢量就很难提高，为此我在日常生活中加大了运动量，并主要进行了以下4个方面的实践：

①通过爬楼梯代替坐电梯。

②挺直腰板不驼背。

③乘坐地铁时选择站立。

④如果不太远的距离，采用步行。

这样的方法在很自然的情况下就提高了我的运动量。直到现在，我依旧很在意这种平日生活中的运动。我的工作性质要求自己不能变胖，但因为应酬很多，而且随着年龄的增长基础代谢量逐渐变差，这让我逐渐意识到"必须应该运动了"。在瑜伽教室中经常有一些团队活动，有的时候也会去参加，但总是不能保证定期的锻炼。所以，我更加重视平日的锻炼，并时刻注意挺直腰板，避免驼背。

● 挺直腰板，打造不易胖体质

肌肉根据其颜色和特征可以分为白肌和红肌。白肌，顾名思义就是白色的肌肉，在要集中使用力量的无氧运动中发挥作用，例如短跑、跳跃、举重等。这种肌肉运动量大，而且大多是短时间的运动，所以这种肌肉也被称作快肌。红肌也就是红色肌肉，多用在步行、慢跑、骑行和游泳等有氧运动中。这种肌肉多被使用在长时间的运动中，所以也被称作慢肌。

在减肥的过程中，对于红肌的锻炼尤为重要。这是因为红肌中有线粒体，它与糖分和肌肉的燃烧有关，通过锻炼红肌，可以使线粒体细胞增加，更加高效地燃烧脂肪。

同时，红肌集中的部分主要在背部。因此，平日里我们要十分注意自己的身姿，在泡半身浴的时候也可以做一些背部的伸展练习。特别是那些很难瘦下来的朋友，更要经常锻炼背部肌肉。当然，喜欢健身的朋友也可以多做一些背部肌肉的练习。

另外，锻炼背部肌肉的同时，腹部肌肉也要进行锻炼，这样平衡的练习才是最为理想的。在锻炼腹肌的时候，应选择在锻炼到最为困难的时候再坚持三十秒的方法，这样对练习下腹部肌肉有很大的好处。不必特意地进行仰卧起坐，只要想到时就锻炼一下吧。

健康的饮食和运动都是贵在坚持。对于喜欢运动的朋友来说，可以在自己喜欢的运动中锻炼身体，同时要将运动融入到日常的生活中，在适合的程度下保持充分的运动。

有益于减肥的营养物质和成分

下面为您介绍出现在本书中的营养物质和各种成分。

每一种营养物质和成分的作用都是密不可分的，

所以单纯摄入一种的方式是不科学的减肥方法。

对于自己必须应该摄入的营养物质、成分要有意识。

让我们用心塑造平衡的饮食生活，朝着健康的减肥前进。

维生素

● 维生素 A

能够使得皮肤和黏膜更加强大，塑造柔软水润的肌肤。抗氧化能力强，能够防止身体的衰老。多存在于黄绿色的蔬菜中，容易溶解于油脂，在溶解的状态下易于被身体吸收，建议在料理中和油一起使用。对于果汁而言，适合与含有油脂的坚果类食物一起使用，更容易被身体吸收。

● 维生素B_1

作用于糖分转化成能量的时候。当摄入不足时糖分的代谢变差，身体中会积蓄由于劳累所产生的乳酸，使新陈代谢停滞。多存在于芝麻、玄米、猪肉、鳗鱼当中，在料理的时候，适合与大葱、胡萝卜一起使用，通过蒜素提高吸收率。

● 维生素 B_2

与很多营养物质的代谢息息相关的成分，特别是

对于脂肪的代谢有很大作用，在减肥的过程中可以有意识的摄入，这样可以提高能量的消耗。同时，也被称作美容的维生素，对于美丽皮肤的保护和秀发的保护都是有作用的。属于水溶性维生素，存在于杏仁、纳豆、动物肝脏和鸡蛋中。

● 维生素B_{12}

与叶酸共同作用，是造血不可或缺的营养成分，能够改善贫血的情况。除此之外，也和大脑以及神经系统有关。存在于不适合制作果汁的贝壳类、海苔、动物肝脏当中，因此在日常生活中要有意识的摄入一些。

● 叶酸

造血不可或缺的维生素B群里面的营养物质，与维生素B_{12}协同作用，和红血球的产生有关系。血液不足有的时候是由于血液循环不畅导致的，血流速度较慢时容易产生体寒的症状，身体不适。叶酸也是水溶性的，因此推荐通过喝汤等进行补充。多存在于芹菜、菜花、豆类以及动物肝脏中。

● 维生素 C

维生素C可以促进构成肌肉组织生长的胶原蛋白生长，可以强化毛细血管，可与蛋白质结合帮助铁元素的吸收，在美容减肥的各个领域都能够发挥作用。强大的抗氧化功能是其特征。多存在于柠檬等柑橘类以及黄绿色蔬菜中。劳累或者吸烟都会使其被大量消耗，而摄入过多时会随着尿液排出，所以要经常注意补充。

● 维生素 E

具有抗氧化作用，也经常被称作抗氧化维生素。它还能够促进血液循环，改善体寒症状，缓解肩膀酸痛，使肌肤重现光泽。多存在于坚果类以及鳄梨中。容易氧化，所以最好选用新鲜的食材。

● 维生素ACE

维生素ACE指的是具有强抗氧化作用的维生素组合。人体受到紫外线照射或者疲劳的时候会产生活性氧，当活性氧含量高的时候会损害我们的细胞，对于健康和美容都是不利的。为了消除活性氧，我们推荐您摄入维生素ACE。维生素C可以去除活性氧，而维生素E会对其进行补偿，最后维生素E和维生素A共同起到抗氧化的作用。因此，共同摄入维生素ACE可以使这种合成更加有效率。

矿物质

● 钾元素

能够排除摄入过度的钠元素，对于摄入盐分过多的人是非常重要的。能够消除由于身体盐分过多而产生的负重，多存在于水果和海藻类蔬菜中。

● 钙元素

作为制造骨骼的微量元素而被大家所熟悉，同时还具备安神的效果。当减肥过程中感觉焦虑时能够通过摄入钙质来缓解。同时钙元素也是一种吸收率比较低的营养物质，所以我们要注意在日常生活中积极地摄入一些。钙元素多存在于乳制品、芝麻、青菜以及煮制的食材中。

● 铁元素

铁元素是血红蛋白中的构成元素。血红蛋白可以吸收氧气，然后再通过血液流动将氧气运送到身体的各个部分，当身体中的氧气不足的时候，会产生贫血等很多症状。与维生素C以及蛋白质一起摄入能够提高吸收效率。此元素多存在于芝麻、芹菜、海藻类以及豆类食物中。

其他成分
● 蛋白质

糖与糖分、脂肪并列为3大营养物质。蛋白质是构成人体细胞的主要成分，也是酶和激素的主要材料，是维持身体机能不可或缺的营养物质，摄入较少时肌肉会减少，基础代谢也会下降，导致形成易胖体质。多存在于鱼肉类与大豆以及乳制品当中。

● 食物纤维

多存在于蔬菜、水果、豆类食材当中，有能够溶于水的水溶性食物纤维以及不能溶于水的不溶性食物纤维。水溶性食物纤维能够在血糖值上升的时候防止过量进食。不溶性食物纤维能够吸收水分膨胀，增加排便量，具有消除便秘的效果。水溶性食物纤维多存在于海藻类以及魔芋、水果当中，不溶性食物纤维存在于菌类、玄米当中，请均衡摄入。

● 胡萝卜素

胡萝卜素是蔬菜和水果中色素的构成成分，β胡萝卜素进入身体内能够与维生素A共同发挥作用，多存在于黄绿色蔬菜当中。

● 柠檬酸

能量代谢不可或缺的酸味成分。除此之外，还能够缓解身体的疲劳，保持身体健康。多存在于柑橘类水果中。

● 叶绿素

绿色蔬菜中的叶绿素可以吸收毒素，与粪便一起被排出体外。患有便秘症状的朋友体内多含有一些毒素，在摄入食物纤维的同时也推荐摄入叶绿素。多存在西兰花、柿子椒、菠菜等食材中。

● 皂角苷

具有抗氧化的作用，因为促进排尿，所以能够改善身体水肿等症状。在大豆、小豆等豆类中含量较高。

● 大豆异黄酮

与雌性激素有相同的作用，属于多酚（植物色素和苦味的成分）的一种。请在女性闭经后导致内分泌失调的时候积极摄入，同时也具有美容、保健的作用。除了存在于大豆中以外，豆腐、豆奶等大豆制品中也含有。

● 乳酸菌

存在于酸奶等发酵食品之中，能够给人的身体带来很多好处的善玉菌之中的一种。调节肠道内环境，改善便秘，提高免疫力。除了存在于酸奶中，咸菜等腌制品中也含有。

● 番茄红素

具有强大的抗氧化作用，是β胡萝卜素的2倍，维生素E的100倍。当皮肤受到紫外线照射时，会产生活性氧，这些成分合成黑色素。番茄红素具有很强的抗氧化作用，能够抑制黑色素的生长，是美白的重要伙伴。多存在于西红柿当中，属于脂溶性，所以最好与油一起料理。

食材分类索引

*V =演变风格

杏仁

富含维生素E和食物纤维,在坚果中含量最高,能够改善体寒以及便秘的症状,对于美容也非常有好处。

·*V治疗便秘的果汁1 ················· 35
·*V治疗体寒的果汁3 ················· 46
·*V消除疲劳乏力的果汁3 ··········· 74
·彩虹果汁(茶色) ····················· 93
·解决肌肤防晒问题的果汁2 ········· 112

草莓

富含维生素C,能够起到改善贫血、美白皮肤、提高免疫力的作用。花青素能够缓解眼部疲劳,春天到初夏最为新鲜。

·不同季节的美味果汁(春) ··········· 66
·提高免疫力果汁(富含维生素C) ····· 78
·改善贫血的果汁2 ··················· 84
·解决肌肤防晒问题的果汁1 ··········· 111
·*V解决肌肤防晒问题的果汁3 ········· 113

芦笋(绿色)

含有天冬酰胺,属于氨基酸的一种,能够分解疲劳物质,促进新陈代谢。以春季到初夏最为新鲜。

·消除疲劳乏力的果汁2 ··············· 73

车前

除了含有铁元素、维生素C以外,还富含多种营养物质。能够预防贫血以及防止老化。夏季到秋季最为新鲜。

·治疗体寒的果汁3 ··················· 46
·*V避免盐分摄入过量的果汁3 ········· 109

鳄梨

含有促进血液循环的维生素E,对于改善体寒症有帮助。富含钾元素等矿物质和食物纤维。

·*V治疗体寒的果汁2 ··················· 44
·消除水肿的果汁 ······················ 63
·解决肌肤防晒问题的果汁3 ··········· 113

秋葵

黏蛋白可以起到保护胃肠的作用,适合在饱餐之后以及腹胀的时候使用。含有钾元素和胡萝卜素,夏季最为新鲜。

·消除饮食过度造成胃部不适的果汁2····· 100

香橙

具有促进血液循环和肌肤再生不可或缺的维生素C，同时还含有造血所必须的叶酸以及缓解疲劳的柠檬酸。初夏到秋天最新鲜。

·治疗体寒的果汁1 ·················· 43
·提亮肤色的果汁3 ·················· 54
·*V消除疲劳乏力的果汁2 ············ 73
·*V改善贫血的果汁2 ················ 84
·改善贫血的果汁3 ·················· 86
·消除饮食过度造成胃部不适的果汁2 ···· 100
·缓解饮酒过量的果汁3 ·············· 105
·*V解决肌肤防晒问题的果汁2 ········· 112

南瓜

富含胡萝卜素、维生素C、维生素E，具有抗氧化、提高免疫力的作用，能够改善体寒症状，外皮的营养也很丰富，因此推荐带皮使用。夏季最为新鲜。

·能够温暖身体的热果汁（肉桂和南瓜）·····114

猕猴桃

含有利尿作用的钾元素以及促进血液循环的维生素C。除此之外，还富含食物纤维，具有美白、消除水肿、改善便秘的作用，是美容的良方。

·消除水肿的果汁2 ·················· 60
·提高免疫力果汁（富含维生素C）······· 78
·*V缓解饮酒过量的果汁1 ············· 103
·*V缓解饮酒过量的果汁2 ············· 104
·解决肌肤防晒问题的果汁3 ··········· 113

大豆

除了豆类中含有的皂角苷以外，大豆中还含有大豆皂角苷，具有利尿的作用，当盐分摄入过多的时候，可以改善水肿。

·*V避免盐分摄入过量的果汁2 ·········· 108

圆白菜

含有维生素U，可以保护胃部，帮助胃部消化吸收，富含维生素C。春季3~5月、冬季2月的圆白菜最新鲜。

·消除饮食过度造成胃部不适的果汁1 ········ 98

牛奶

钾元素和色氨酸能够起到稳定神经的作用，还能够缓解疲劳压力。同时，牛奶还是皮肤生长不可或缺的蛋白质存在的宝库。

·*V治疗体寒的果汁1 ················ 43
·提亮肤色的果汁2 ·················· 53
·提亮肤色的果汁3 ·················· 54
·*V缓解疲劳乏力的果汁1 ············· 71
·缓解疲劳乏力的果汁3 ·············· 74
·改善贫血的果汁3 ·················· 86
·彩虹果汁（白色）·················· 92
·避免盐分摄入过量的果汁 ············ 108
·解决肌肤防晒问题的果汁2 ··········· 112
·能够温暖身体的热果汁 ·········· 114、115

黄瓜

含有利尿作用的钾元素，能够改善
身体水肿和宿醉。夏天最新鲜。

·消除水肿的果汁1 ···························· 59
·*V消除水肿的果汁2 ························· 60
·*V消除水肿的果汁3 ························· 63
·缓解饮酒过量的果汁1 ····················· 103

玄米片

能够有效改善便秘，含有大量的植
物纤维，同时具有糖分代谢所必须
的维生素B1，有利于恢复疲劳。

·治疗便秘的果汁3 ···························· 38
·缓解疲劳乏力的果汁3 ····················· 74
·彩虹果汁（茶色） ···························· 93

核桃

富含促进血液循环的维生素E，对
于改善体寒有很好的作用。含有优
质的脂肪酸，能够预防生活习惯不
良造成的疾病。秋天最为新鲜。

·提亮肤色的果汁2 ···························· 53
·*V缓解疲劳乏力的果汁3 ················· 74

苦瓜

富含维生素C，有助十肌肤的生
长，能够缓解疲劳，夏天最新鲜。

·不同季节的美味果汁（夏） ················ 66

小松菜

除了含有铁元素、维生素C、钙质
以外，还含有多种维生素、矿物质，
适于每天食用，以保持营养健康平
衡。冬季最新鲜。

·黄金秘方Tuesday（星期二） ················ 22
·黄金秘方Wednesday（星期三） ············ 23
·黄金秘方Saturday（星期六） ··············· 26
·黄金秘方Sunday（星期日） ················· 27
·*V改善贫血的果汁1 ························· 83

葡萄柚

富含维生素C，具有美肤的作用，
能够缓解疲劳，此柚中还含有番茄
红素，也能够美白肌肤。

·消除饮食过度造成胃部不适的果汁3 ······ 101
·*V缓解饮酒过量的果汁3 ·················· 105
·*V解决肌肤防晒问题的果汁1（西柚） ··· 111

生姜

姜辣素使生姜具有辛辣的口感，它
能够促进血液循环，提高体温，
改善体寒症状。夏天到秋天最为
新鲜。

·治疗体寒的果汁1 ···························· 43

西瓜

富含钾元素，有助于盐分和水分的排出，能够改善水肿。红色素由番茄红素构成，具有抗氧化作用。夏天最新鲜。

· 缓解饮酒过量的果汁2 ················· 104
· *V避免盐分摄入过量的果汁1 ·········· 107

豆奶

含有具有利尿作用的大豆皂角苷，富含蛋白质和维生素B族，美容皮肤。

· 治疗体寒的果汁3 ················· 46
· 消除水肿的果汁1 ················· 59
· 改善贫血的果汁1 ················· 83
· 彩虹果汁（黑色） ················· 91

碎芝麻

黑芝麻中除了含有防止身体衰老的维生素E以外，还含有抗氧化物质花青素。

· 改善贫血的果汁1 ················· 83
· 彩虹果汁（黑色） ················· 91

番茄

富含番茄红素，抗氧化的作用是β胡萝卜素的2倍，是维生素E的100倍。对于美白也很有作用。夏天最新鲜。

· *V提亮肤色的果汁3 ················· 54
· 提高免疫力果汁（富含植物素） ········ 79
· 彩虹果汁（红色） ················· 90
· 解决肌肤防晒问题的果汁1 ················· 111

芹菜

富含具有利尿作用的钾元素，可以缓解水肿。独特的香味能够起到镇定的作用。冬天到春天之间最为新鲜。

· *V消除饮食过度造成胃部不适的果汁3 ····· 101
· 避免盐分摄入过量的果汁1 ················· 107

山药

具有促进消化的淀粉酶，黏蛋白能够起到保护胃黏膜的作用，起到舒缓肠胃疲劳的作用。冬天最新鲜。

· 彩虹果汁（白色） ················· 92
· *V消除饮食过度造成胃部不适的果汁1 ····· 99

白萝卜

含有能够分解淀粉的淀粉酶，同时还含有其他多种酶，对于胃胀特别有效。秋天到冬天最为新鲜，夏天的白萝卜较辣。

· 消除饮食过度造成胃部不适的果汁2 ······ 100

菜花

富含造血必须的叶酸，能够改善贫血。除此之外，钙质和维生素C丰富，能够提高免疫力，对于美肤也有好处。冬天到春天最新鲜。

· *V改善贫血的果汁3 ················· 86

胡萝卜

含有提高免疫力的胡萝卜素，维生素A能够改善皮肤干燥、暗色。含有破坏维生素C的酶，和柠檬以及醋一起进食可以很好地抑制这种破坏。秋天到冬天最新鲜。

·提亮肤色的果汁1 ················· 51
·彩虹果汁（红色） ················· 90
·解决肌肤防晒问题的果汁2 ········· 112

菠萝

具有缓解疲劳的柠檬酸以及维生素C，能对宿醉以及饮酒过量起到缓解作用。夏天最新鲜。

·缓解疲劳乏力的果汁1 ············· 71
·改善贫血的果汁3 ················· 86
·彩虹果汁（黄色） ················· 93
·缓解饮酒过量的果汁1 ············· 103
·缓解饮酒过量的果汁3 ············· 105

白菜

富含维生素C以及钾元素，能够提高免疫力、改善身体水肿等问题。冬天最新鲜。

·不同季节的美味果汁（冬） ········· 67

欧芹

具有造血不可或缺的叶酸、铁元素以及维生素C，能够改善贫血，富含抗氧化的维生素A。

·*V治疗体寒的果汁2 ··············· 44
·改善贫血的果汁3 ················· 86
·避免盐分摄入过量的果汁3 ········· 109

香蕉

富含食物纤维和调节肠胃的低聚糖，能够改善便秘。含有利尿作用的钾元素，能够改善水肿症状。

·黄金秘方Monday（星期一） ········· 20
·黄金秘方Tuesday（星期二） ········· 22
·黄金秘方Friday（星期五） ········· 25
·黄金秘方Sunday（星期日） ········· 27
·治疗便秘的果汁1 ················· 35
·消除水肿的果汁2 ················· 60
·不同季节的美味果汁（春、夏、秋、冬）···66、67
·缓解疲劳乏力的果汁2 ············· 73
·彩虹果汁（黑色） ················· 91
·避免盐分摄入过量的果汁3 ········· 109

柿子椒

富含维生素C、胡萝卜素，具有美肤的作用。柿子椒有好几种颜色，暖色系的都富含维生素C和胡萝卜素。

·*V提亮肤色的果汁2 ··············· 53
·提亮肤色的果汁3 ················· 54
·彩虹果汁（黄色） ················· 93
·解决肌肤防晒问题的果汁2 ········· 112

花生

富含维生素E，可以促进血液循环，改善体寒症状。秋天最新鲜。

·不同季节的美味果汁（冬） ········· 67

甜椒

富含维生素C和胡萝卜素，是美肤的好帮手。春天到夏天最新鲜。

·*V治疗便秘的果汁2 ················· 36

葡萄

含有葡萄糖，紫色的外皮具有抗氧化作用的多酚，对于消除疲劳和防止皮肤老化有很大作用。秋天最新鲜。

·不同季节的美味果汁（秋） ············· 67

蓝莓

具有抗氧化作用的花青素，缓解眼疲劳。夏天最新鲜。

·彩虹果汁（紫色） ················· 92

西梅

食物纤维的宝库，富含铁元素。对于改善便秘和贫血有很大作用，是女生喜欢的食材。

·治疗便秘的果汁1 ················· 35
·改善贫血的果汁2 ················· 84

西兰花

含有吸收体内毒素的叶绿素，能够起到抗衰老的作用，同时还含有胡萝卜素、维生素C，能够使肌肤更加滋润。富含铁元素和钙元素等矿物质。冬天最新鲜。

·治疗便秘的果汁2 ················· 36
·提亮肤色的果汁2 ················· 53
·提高免疫力果汁（富含植物素） ·········· 79

菠菜

富含铁元素和帮助吸收铁元素的维生素C，能够缓解贫血等症状。胡萝卜素以及钾元素、叶酸都很丰富。冬天到春天最新鲜。

·改善贫血的果汁1 ················· 83
·彩虹果汁（绿色） ················· 91

芒果

水果中含有胡萝卜素最多的食材，能够改善干燥皮肤。夏天最新鲜。

·*V提亮肤色的果汁1 ················ 51

三叶草

特有的香味能够防止腹胀，提高食欲，稳定神经。春天最新鲜。

·消除饮食过度造成胃部不适的果汁3 ······ 101

哈密瓜

含有具有利尿作用的钾元素，能够帮助排出体内水分和盐分。除此之外，还富含维生素C。初夏到夏天最新鲜。

·*V消除水肿的果汁1 ················ 59
·消除水肿的果汁3 ················· 63
·缓解饮酒过量的果汁2 ·············· 104
·避免盐分摄入过量的果汁1 ············ 107

煮小豆

小豆中含有小豆皂角苷和钾元素，能够有助于水分和盐分排出体外。小豆中还含有食物纤维和代谢能量所必须的维生素B1。在丰收的秋天最为新鲜。

·避免盐分摄入过量的果汁2 ················ 108

酸奶

乳酸菌能够保持肠道健康，改善便秘的症状。蛋白质和钙质以容易吸收的形式存在，与牛奶相比，更加容易被人体吸收。

·黄金秘方Wednesday（星期三） ············· 23
·黄金秘方Thursday（星期四） ·············· 24
·黄金秘方Friday（星期五） ················ 25
·黄金秘方Sunday（星期日） ··············· 27
·治疗便秘的果汁2 ····················· 36
·治疗便秘的果汁3 ····················· 38
·治疗体寒的果汁2 ····················· 44
·提高免疫力的果汁（富含植物素） ········· 79
·彩虹果汁（茶色） ···················· 93
·消除饮食过度造成胃部不适的果汁1 ····· 99
·解决肌肤防晒问题的果汁3 ·············· 113

苹果

富含食物纤维，能够缓解便秘的症状。在外皮中含有多酚，能够抗氧化、防止身体的衰老，同时还有美肤的作用。秋季到冬季最新鲜。

·黄金秘方Monday（星期一） ··············· 21
·黄金秘方Wednesday（星期三） ············· 23
·黄金秘方Thursday（星期四） ·············· 24
·黄金秘方Saturday（星期六） ·············· 26
·黄金秘方Sunday（星期日） ··············· 27
·治疗便秘的果汁2 ····················· 36
·*V治疗便秘的果汁3 ··················· 38
·彩虹果汁（绿色） ···················· 91

柠檬

具有新陈代谢中不可或缺的维生素C、叶酸。能够缓解肤色发暗、体寒、贫血、疲劳等症状，对于改善身体不适有显著效果。秋天到冬天最新鲜。

·治疗便秘的果汁2 ····················· 36
·治疗体寒的果汁2 ····················· 44
·提亮肤色的果汁1 ····················· 51
·消除水肿的果汁1 ····················· 59
·消除水肿的果汁3 ····················· 63
·不同季节的美味果汁（冬） ············· 67
·缓解疲劳乏力的果汁1 ················· 71
·缓解疲劳乏力的果汁3 ················· 74
·提高免疫力果汁（富含植物素） ········· 79
·消除饮食过度造成胃部不适的果汁1 ····· 99
·避免盐分摄入过量的果汁3 ·············· 109

TITLE：[朝だから効く！ダイエットジュース]

BY：[岡田　明子]

Copyright © Okada Akiko 2012

Original Japanese language edition published by IKEDA PUBLISHING CO.,LTD.

All rights reserved. No part of this book may be reproduced in any form without the written permission of the publisher.

Chinese translation rights arranged with IKEDA PUBLISHING CO.,LTD.,

Tokyo through Nippon Shuppan Hanbai Inc.

本书由日本株式会社池田书店授权北京新世界出版社有限责任公司在中国大陆地区出版本书简体中文版本。
著作权合同登记号：01-2014-6267

图书在版编目（CIP）数据

我的轻生活：健康减肥蔬果汁 /（日）冈田明子著；
邓楚泓译. —— 北京：新世界出版社，2015.7
ISBN 978-7-5104-5334-2

Ⅰ.①我… Ⅱ.①冈… ②邓… Ⅲ.①减肥 – 果汁饮
料 – 制作②减肥 – 蔬菜 – 饮料 – 制作 Ⅳ.①R161
②TS275.5

中国版本图书馆CIP据核字(2015)第097676号

我的轻生活 健康减肥蔬果汁

策划制作：北京书锦缘咨询有限公司（www.booklink.com.cn）
总 策 划：陈　庆
策　　划：李　伟
版式设计：季传亮

作　 者：（日）冈田明子
译　 者：邓楚泓
责任编辑：房永明
责任印制：李一鸣　史倩
出版发行：新世界出版社
社　 址：北京西城区百万庄大街 24 号（100037）
发 行 部：(010) 6899 5968 （010) 6899 8733（传真）
总 编 室：(010) 6899 5424 （010) 6832 6679（传真）
http://www.nwp.cn　http://www.newworld-press.com
版 权 部：+8610 6899 6306
版权部电子信箱：frank@nwp.com.cn
印　 刷：北京美图印务有限公司
经　 销：新华书店
开　 本：710mm × 1000mm 1/16
字　 数：90 千字
印　 张：8
版　 次：2015 年 10 月第 1 版　2015 年 10 月第 1 次印刷
书　 号：ISBN 978-7-5104-5334-2
定　 价：32.00 元